2020/2021
中国城市状况报告
可持续城镇化与高质量转型

国际欧亚科学院中国科学中心
中国市长协会
中国城市规划学会
编著

中国建筑工业出版社

审图号：GS（2021）6385号

图书在版编目（CIP）数据

中国城市状况报告 . 2020/2021：可持续城镇化与高质量转型 / 国际欧亚科学院中国科学中心，中国市长协会，中国城市规划学会编著 . —北京：中国建筑工业出版社，2021.8

ISBN 978-7-112-26538-1

Ⅰ . ①中…　Ⅱ . ①国…②中…③中…　Ⅲ . ①城市建设—研究报告—中国—2020-2021　Ⅳ . ① TU984.2

中国版本图书馆 CIP 数据核字（2021）第 177488 号

书籍设计：付金红　李永晶
责任编辑：杨　虹　尤凯曦　牟琳琳
责任校对：姜小莲

中国城市状况报告　2020/2021

可持续城镇化与高质量转型

国际欧亚科学院中国科学中心
中国市长协会　　　　　　　编著
中国城市规划学会

*

中国建筑工业出版社出版、发行（北京海淀三里河路9号）
各地新华书店、建筑书店经销
北京雅盈中佳图文设计公司制版
北京雅昌艺术印刷有限公司印刷

*

开本：880毫米×1230毫米　1/16　印张：12　字数：195千字
2021 年 9 月第一版　2021 年 9 月第一次印刷
定价：128.00元
ISBN 978-7-112-26538-1
　　（38100）

国际欧亚科学院中国科学中心

中国市长协会

中国城市规划学会

编著

致 谢

感谢中国建筑工业出版社及责任编辑、报告的翻译机构及校对专家等的努力工作。感谢清华大学建筑学院、中国城市规划设计研究院以及住房和城乡建设部相关部门对报告编写的支持。

序

汪光焘

国际欧亚科学院中国科学中心副
主席
第十一届全国人大常委、环境与
资源委员会主任委员
原中华人民共和国建设部部长

从 2020 年到 2021 年，中国人民走过了极不平凡的历程。

面对世界百年未有之大变局，中国在世界上率先控制住新型冠状病毒肺炎疫情蔓延，在全球主要经济体中率先实现经济正增长。2020 年，国内生产总值超过百万亿元，"十三五"规划圆满收官，全国 9899 万农村贫困人口全部实现脱贫，新发展格局加快构建，高质量发展深入实施，共建"一带一路"扎实推进，构建人类命运共同体的主张得到国际社会广泛认同。一个文明、开放、包容的中国更加鲜明和清晰地展现在世界面前。

自改革开放以来，中国经历了人类历史上规模最大、速度极快的城镇化进程。1978—2020 年，中国城镇常住人口从 1.72 亿增长到 9.02 亿，年均增加 1738 万人；城镇化率从 17.92% 提升至 63.89%，年均增长 1.09%；经过各族人民的持续奋斗，全国 7.7 亿农村贫困人口摆脱贫困，占同期全球减贫人口 70% 以上。中国城镇化的实践与探索，为世界城镇化进程探索出全新路径，向正在发展中的国家提供了中国城镇化样本。

今天的中国，正在开启全面建设社会主义现代化国家新征程的宏伟蓝图，将进入以全体人民共同富裕取得更为明显的实质性进展的发展新阶段。

在中国政府制定的"国民经济和社会发展第十四个五年规划和 2035 年远景目标纲要"中，提出坚持走中国特色新型城镇化道路，深入推进以人为核心的新型城镇化战略，以城市群、都市圈为依托促进大中小城市和小城镇协调联动、特色化发展，使城镇和乡村都建设得更健康、更安全、更宜居，成为人民群众高品质生活的空间。

在联合国人居署和国内外各方面的大力支持下，我们以"可持续城镇化与高质量转型"为主题，继续编写了英文和中文版的《中国城市状况报告 2020/2021》。

《报告》是系统介绍中国城市状况，宣传中国城市文化，评述中国城市发展的一个国际化平台。《报告》中有关中国城市的现状观察和实践案例等，将有助于国际社会更加客观、更加全面了解中国的城乡建设图景，共同为可持续的城镇化与高质量发展转型寻求得更加美好和睦的途径。

2021 年 9 月

摘要：中国踏上新征程

石楠

中国城市规划学会常务副理事长兼秘书长、教授级高工

2020 至 2021 年是极为不平凡的两年。全球肆虐的新冠疫情使得如何重拾健康安全成为各国的最大挑战。健康与城市可持续发展密不可分，在与病毒抗争的过程中，中国从规划制定、空间治理、宣传引导等多方面着手，不断探索健康城市建设的有效模式，强调以人民的健康为中心，运用经济、社会、政策等综合手段提高城市韧性。

疫情的影响还在继续，而中国的发展从未停滞。

面对艰巨繁重的改革发展任务以及新冠肺炎疫情的严重冲击，中国坚持一手抓疫情防控、一手抓社会经济发展，顺利实现了"十三五"圆满收官和"十四五"全面擘画，并取得了全面建成小康社会的伟大历史性成就、决战脱贫攻坚的决定性胜利。中国于 2021 年向世界庄严宣布全面建成小康社会，实现第一个百年奋斗目标，将乘势而上开启全面建设社会主义现代化国家新征程。

从经济的视角看新征程，中国提出以创新驱动为内核的高质量发展的总体目标，增强"永续、包容经济增长"。过去的两年中，中国在严格疫情防控前提下稳步复工复产，成功走出经济"V"形反转，成为全球唯一实现正增长的主要经济体，交出了一份人民满意、世界瞩目的答卷。未来，经济可持续发展仍然是中国经济发展的主题，与此同时，构建国内大循环为主体、国内国际双循环相互促进的新发展格局，推动经济发展模式高质量转型和包容性的城市经济将成为新目标。为应对疫情等因素导致的不断加剧多重不平衡、不平等现象，中国还将按照市场在政府的引导下更好发挥作用之原则，推进要素市场制度建设，实现要素价格市场决定、流动自主有序、配置高效公平，倾力解决发展不平衡不充分的新矛盾。

从治理角度看新征程，中国在国家治理、社会治理、城市与区域治理、城乡基层治理等多个层面发力，让所有人"平等地共享城市化

所带来的机会和福利"。在中央政府层面，中国提出坚持以人民为中心的发展思想，坚持发展为了人民、发展依靠人民、发展成果由人民共享，进一步推进农业转移人口市民化，提高基本公共服务均等化水平，改善生活质量，让所有人分享改革成果。在地方政府层面，中国提出在高质量发展中促进共同富裕的宏伟愿景，包括中等收入群体显著扩大，城乡区域发展差距和居民生活水平差距显著缩小，人的全面发展、全体人民共同富裕取得更为明显的实质性进展等。近两年，中国在超大城市治理、城乡基层治理等方面，无论是治理能力与治理体系的现代化，还是治理主体多元化、治理模式和机制优化、治理手段现代化等方面，中国在宏观到微观多个层面的体制机制和实操手段都在更新和优化。

从环境的角度看新征程，中国对生态文明建设和生态环境保护的主要目标、总体要求、重点任务做出了全新部署。中国高度重视应对气候变化，国家主席习近平在气候峰会时表示，中国将力争2030 年前实现碳达峰、2060 年前实现碳中和，以实际行动落实《巴黎协定》。这是中国基于推动构建人类命运共同体的责任担当和实现可持续发展的内在要求做出的重大战略决策。近两年，中国各地交出了令人民满意的生态环境答卷："十三五"规划纲要确定的 9 项约束性指标和污染防治攻坚战阶段性目标任务超额圆满完成，蓝天、碧水、净土三大保卫战取得重要成效，生态保护和修复持续推进，应对气候变化工作取得积极进展，已经提前超额完成对外承诺的 2020 年目标。

从文化的角度看新征程，中国秉持包容精神，推动文明交流互鉴，推动中华文明创造性转化和创新性发展，致力于让中华文明同世界各国文明和谐发展，为人类提供正确的精神指引和强大的精神动力。在全国层面，中国近年来实施了"中华优秀传统文化传承发展工程"，坚守中华文化立场、传承中华文化基因，不忘本来、吸收外来、面向未来，汲取中国智慧、弘扬中国精神、传播中国价值，不断增强中华优秀传统文化的生命力和影响力；在城市和街区层面，中国出台了《关于在城乡建设中加强历史文化保护传承的意见》，提出城乡建设中系统保护、利用、传承好历史文化遗产的具体要求，延续历史文脉、推动城乡建设高质量发展。

以上提及诸多内容，均可以在本《报告》中找到相关素材或案例，这些素材或案例是中国众多城市这两年发展的缩影，但博观约取，皆非一时之事、一域之变，而是国家之变、世界之变、时代之变、历史之变。中国愿同各个国家、国际组织和机构一道，共同推进人类社会的进步。

目　录

第一章　以人为核心的新型城镇化

第二章　持续改善的城市人居环境

第三章 治理能力现代化的城乡实践

第四章　城市基础设施建设新进展

第五章　绿色发展与生态环境保护

第六章　城市文化建设与风貌塑造

第一章

以人为核心的
新型城镇化

面向 2025 和 2035 的城镇化国家顶层设计

可持续城镇化推动经济发展与实现美好生活

可持续城镇化的高质量转型

以人为核心的新型城镇化

改革开放以来，中国经历了人类历史上最大规模、极快速度的城镇化进程。从 1978—2020 年，中国城镇常住人口从 1.72 亿增长到 9.02 亿，年均增加 1738 万人；常住人口城镇化率从 17.92% 提升至 63.89%，年均增长 1.09%；按照现行贫困标准计算，中国 7.7 亿农村贫困人口摆脱贫困，占同期全球减贫人口 70% 以上，提前 10 年实现《联合国 2030 年可持续发展议程》减贫目标。中国城镇化的实践与探索，将为世界城镇化进程探索全新路径，向后发国家提供了城镇化中国样本。

2020 年中国全面建成小康社会，开启全面建设社会主义现代化国家新征程，将进入以共同富裕为目标的新发展阶段。中国政府制定了第十四个"五年规划"，提出坚持走中国特色新型城镇化道路，深入推进以人为核心的新型城镇化战略，以城市群、都市圈为依托促进大中小城市和小城镇协调联动、特色化发展，使更多人民群众享有更高品质的城市生活。"要更好推进以人为核心的城镇化，使城市更健康、更安全、更宜居，成为人民群众高品质生活的空间。"

1.1　面向2025和2035的城镇化国家顶层设计

1.1.1　深入推进以人为核心的新型城镇化战略

突出"以人为核心"的城镇化。坚持以人民为中心的发展思想，是中国政府执政的根本宗旨，坚持发展为了人民、发展依靠人民、发展成果由人民共享，是中国下一阶段城镇化工作的根本目标。中国将持续推进农业转移人口市民化，提高基本公共服务均等化水平，改善生活质量，让所有人分享改革成果。这也与联合国《新城市议程》提出的"人人共享的城市"愿景不谋而合。

展望2035年共同富裕的城镇化。中国将基本实现新型工业化、信息化、城镇化、农业现代化；人均国内生产总值达到中等发达国家水平，中等收入群体显著扩大，基本公共服务实现均等化，城乡区域发展差距和居民生活水平差距显著缩小；人民生活更加美好，人的全面发展、全体人民共同富裕取得更为明显的实质性进展。

1.1.2　坚持新发展理念与系统观念深入推进可持续城镇化

中国政府将坚持创新、协调、绿色、开放、共享的新发展理念，深入推进中国城镇化可持续发展。以创新为城镇化核心发展动力，驱动城镇化质量提升，加快国际科技创新中心和综合性国家科学中心建设；以协调促进城镇化均衡发展，统筹城乡协调发展，促进大中小城市协调发展，实现整体高质量发展；以绿色为城镇化发展前提，坚持生态文明思想，以可持续发展为目标，形成人与自然和谐持续发展的现代化建设格局；以开放为城镇化发展路径，参与全球经济治理和公共产品供给，构建广泛

专栏1-1　"十四五"时期经济社会发展与新型城镇化相关主要指标

类别	指标	2020年	2025年	年均/累计	属性
经济发展	2.全员劳动生产率增长（%）	2.5	—	高于GDP增长	预期性
	3.常住人口城镇化率（%）	60.6*	65	—	预期性
民生福祉	7.居民人均可支配收入增长（%）	2.1	—	与GDP增长基本同步	预期性
	8.城镇调查失业率（%）	5.2	—	<5.5	预期性
	9.劳动年龄人口平均受教育年限（年）	10.8	11.3	—	约束性
	10.每千人口拥有执业（助理）医师数（人）	2.9	3.2	—	预期性
	11.基本养老保险参保率（%）	91	95	—	预期性
	12.每千人口拥有3岁以下婴幼儿托位数（个）	1.8	4.5	—	预期性
	13.人均预期寿命（岁）	77.3*	—	〔1〕	预期性

注：①〔　〕内为5年累计数；②带*的为2019年数据。
（资料来源：中华人民共和国国民经济和社会发展第十四个五年规划和2035年远景目标纲要）

利益共同体，促进要素市场化流动，形成与世界发展合作共赢的城镇化；以共享实现城镇化公平发展，让全体居民共享城镇化过程带来的获得感和幸福感，共同实现中国梦。

坚持系统观念，以全生命周期管理理念统筹城市治理。将全生命周期管理理念贯穿城市规划、建设、管理全过程各环节，从全过程、全要素、全场景的角度，统一理念、目标、组织以及规则，形成系统、协调、完备的治理体系，实现事前、事中、事后全流程闭环管理，切实提升城市的应急能力和治理效能，进一步推动可持续城镇化。

深化要素市场化配置改革，为城镇化提供可持续动力。促进土地、劳动力、资本、技术、数据等要素自主有序流动，稳步提高要素配置效率，将为中国城镇化高质量转型提供可持续动力。一方面将持续促进要素向优势地区积聚，增强中心城市和城市群等经济发展优势区域的经济和人口承载能力，推动中国城市化战略的完善；另一方面将促进要素在城乡之间双向流动，为城乡融合发展、乡村振兴提供动力保障。2021 年 3 月新修订的《土地管理法》正式实施，为农村集体经营性建设用地入市扫清制度障碍，随着相关配套制度的完善，将促进城乡统一的土地市场的建立。

1.1.3 满足人民需求，全面提升城市品质

推进宜居、创新、智慧、绿色、人文、韧性等新型城市建设。随着居民对优美环境、健康生活、文体休闲等方面的需求日益提高，未来中国将加快转变城市发展方式，把生态和安全放在更加突出的位置，统筹城市布局的经济需要、生活需要、生态需要、安全需要。顺应城市发展新理念新趋势，在生态文明思想和总体国家安全观指导下制定城市发展规划，打造宜居城市、韧性城市、智能城市，建立高质量的城市生态系统和安全系统，推动城市空间结构优化和城市功能完善。

实施城市更新行动，推动中国城市转变发展方式。为解决我国城市建筑设施逐步老化、建设标准滞后等安全性问题，适应城市居民对城市设施、空间环境的更高需求，"十四五"规划提出实施城市更新行动，聚焦完善城市空间结构、老旧小区改造、补足基础设施欠账等重大领域，推动城市功能全面升级，促进城市发展方式根本性转变。"十四五"规划设定目标，完成 2000 年底前建成的 21.9 万个城镇老旧小区改造，基本完成大

专栏 1-2 北京城市副中心"规建管"三维智慧信息平台

为响应新时期城市建设的更高要求，应对北京城市副中心建设的更高标准，更好地统筹各类规划编制工作，有效保障规划成果落地实施，全面提高规划编制管理的科学性、严肃性，提升管理效率，北京城市副中心建设"规建管"三维智慧信息平台。平台基于对城市复杂巨系统的深刻理解，运用三维信息技术，实现对副中心城市空间资源的精细化管控，建立有效贯穿城市"规划—建设—管理"全过程的智慧辅助决策系统。以统一的空间网格为基准，以空间资源精细化管控为核心目标，建立贯穿规划建设管理全过程的城市空间长效管控体系，搭建"一张图""一张网"及"一个平台"的总体框架。

未来，平台将探索对接城市交通、产业、城市安全等运营数据，逐步拓展维度，研发应用，建立城市精细化治理智慧平台，实现对城市运行全过程的系统监测和科学引导，以"全生命周期管理理念"统筹城市治理。

城市老旧厂区改造，改造一批大型老旧街区，因地制宜改造一批城中村。城市层面近几年进行了很多有益的探索，北京、上海、广州、深圳等城市出台了相应的管理办法和配套政策，建立了针对城市更新项目的规划编制、审批和实施路径。

加快建设数字中国，提高城市智能管理水平。数字化、智慧化已经成为城镇化的新方向，通过数字经济、数字社会、数字政府等多种方式，全面提升城乡治理精细化、智能化水平，推动生产、生活和治理方式的数字化转型。有序推动数字城市建设，提高智能管理能力，运用数字技术推动城市管理手段、管理模式、管理理念创新，精准高效满足群众需求。

专栏 1-3　数字福建建设 打造数字中国样板 ①

数字福建建设始于 2000 年，在国内率先开启了探索省域信息化的征程。经过 20 年建设，数字福建建设成效显著。2019 年，福建省全省数字经济总量 1.73 万亿元，占 GDP 比重超过 40%，增长速度居全国第 2 位；数字政府服务指数居全国第 1 位。加快打造国家数字经济发展高地、数字中国建设样板区和示范区。

数字政府服务建设。福建省政务云平台已汇聚了 2400 多项共计 69 亿多条数据记录，涵盖全省 150 多万家企业及 8 万家机关事业单位和社团组织信息、全省近 4000 万常住人口和 320 多万流动人口信息、1 亿多本电子证照等，实现"一人一档"

和"一企一档"。全省行政审批"一张网"，97% 以上事项可网上办理，"一趟不用跑""最多跑一趟"事项占比超过 90%。一体化掌上服务平台闽政通覆盖 905 项民生服务，2020 年底注册用户达 3300 万，在全省常住人口中占比超过 83%。

数字经济建设。布局建设一批高水平创新平台，共有国家级、省级数字经济领域重点实验室 13 个、工程（技术）研究中心（工程实验室）48 个。全省产值超百亿元的电子信息制造企业有 13 家，7 家企业入选中国互联网百强，网络零售额居全国第 6 位，电子信息、软件服务、物联网、大数据等一批数字经济千亿产业集群发展迅猛。

福州市民刷脸通过地铁闸机
（图片来源：中国新闻图片网）

① 福建日报 . 打造"数字中国"样板工程 [EB/OL].（2020-10-12）.http://fgw.fujian.gov.cn/ztzl/szfjzt/xxhjsyy_35778/202010/t20201012_5411019.htm.

1.2　可持续城镇化推动经济发展与实现美好生活

1.2.1　中国城镇化持续推进为世界注入持久动力

中国城镇化的持续推进，给新冠疫情中的世界经济带来强心剂。2020 年中国国内生产总值首次突破 100 万亿元人民币大关，比 2019 年增长 2.3%，对世界经济增长的贡献率可能超过 40%，高于过去五年 30% 以上的贡献率。在新冠肺炎疫情肆虐全球的情况下，中国率先复工复产，有效维护了全球产业链供应链稳定，中国经济逆势增长提振全球经济复苏信心。依据联合国发布的《2020 年世界经济形势与展望年中报告》数据预测，2020 年至 2021 年，全球经济产出累计损失将达 8.5 万亿美元。在这一背景下，作为全球率先实现正增长的主要经济体，中国作为全球经济引擎作用愈发凸显。

不断开放的中国，在全球供应链中的"支点"作用日益显现。2020 年中国货物贸易进出口总值达 32.16 万亿元，同比增长 1.9%，刷新了历史纪录，创造了中国出口规模的新高，有力拉动世界经济增长。在全球供应链中的"支点"作用日益显现，开放的中国成为构建开放型世界经济的重要动力。中国不断扩大对外开放、完善营商环境，关税总水平大幅下降，克服疫情影响举办服贸会、进博会，与各国分享中国发展机遇。根据经合组织预测，2021 年中国对世界经济增长贡献率将超过 1/3。

中国为世界抗击新冠疫情做出重要贡献。疫情期间，根据国内外防疫抗疫需要，中国制造业大规模生产并出口世界各国急需的防疫物资。同时，及时公开透明发布疫情信息，毫无保留分享抗疫经验，尽己所能为国

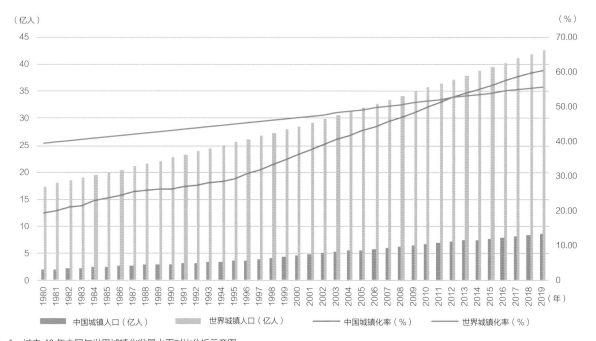

图 1-1　过去 40 年中国与世界城镇化发展水平对比分析示意图
（数据来源：中国统计年鉴 2020，World Bank Open Data[DB/OL]. https://data.worldbank.org/，作者自绘）

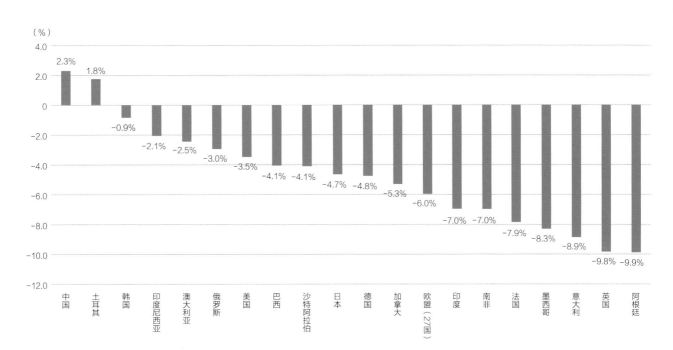

图1-2 20国集团（G20）成员2020年GDP增速
（数据来源：OECD Data[DB/OL]. https://data.oecd.org/，作者自绘）

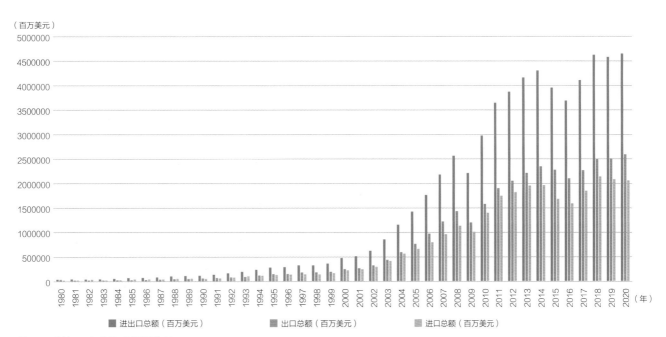

图1-3 过去40年中国对外贸易情况
（数据来源：历年统计公报，作者自绘）

专栏 1-4 深圳经济特区成立 40 周年经济成就

2020 年是深圳经济特区成立 40 周年，作为中国改革开放的旗帜，深圳创造了一连串的经济发展奇迹。

综合实力实现飞跃发展。深圳地区生产总值由 1979 年的 1.96 亿元增长到 2019 年的 2.6927 万亿元，按可比价格计算，增长 2491 倍，年均增长 21.6%，居内地城市第三；人均 GDP 由 1979 年的 606 元，增长到 2019 年的 203489 元，居内地副省级以上城市首位，超过中等偏上收入国家平均水平。外贸进出口总值从 1980 年的 2000 多万元发展到 2019 年的 2.98 万亿元，剔除汇率因素增长 2.5 万倍，从 1993 年起，出口规模连续 27 年居全国大中城市首位。税收规模从 1980 年的 0.27 亿元增长到 2019 年的 8000 亿元，每平方千米税收产出 4.1 亿元，居全国大中城市首位。

深圳市前海湾风光
（图片来源：中国新闻图片网）

产业结构发生深刻变化。三产结构由 1980 年的 28.9 ：26.0 ：45.1 调整为 2019 年的 0.1 ：39.0 ：60.9。第二产业增加值从 1980 年的 7036 万元增加到 2019 年的 10495.84 亿元。第三产业增加值从 1980 年的 1.22 亿元增加到 2019 年的 16406.06 亿元。

发展依赖持续创新。R&D 支出占 GDP 比重居世界前列。2018 年全社会研发投入占 GDP 比重达 4.2%，较 2012 年提升了 0.53 个百分点，居全球前列。专利申请量和授权量居全国前列。2019 年全年专利申请量与授权量分别为 26.15 万件和 16.66 万件。

深圳市前海 e 站通服务中心
（图片来源：中国新闻图片网）

际社会特别是发展中国家提供援助和支持。截至 2021 年 5 月，中国已为受疫情影响的发展中国家抗疫以及恢复经济社会发展提供了 20 亿美元援助，向 150 多个国家和 13 个国际组织提供了抗疫物资援助，为全球供应了 2800 多亿只口罩、34 亿多件防护服、40 多亿份检测试剂盒 [①]。中国疫苗作为国际公共产品优先向发展中国家提供。截至 2021 年 5 月已陆续向 80 多个有急迫需要的发展中国家提供疫苗援助，向 43 个国家出口疫苗，向全球供应 3 亿剂疫苗。

1.2.2　新型城镇化是当下中国经济复苏的重要支撑

　　新型城镇化将进一步促进各类基础设施建设，是拉动有效投资的倍增器和扩大消费需求的加速器。在推动农业转移人口进城就业、提高居民收入水平的同时，大规模农业转移人口进城就业生活，必将对基础设施、公共服务设施、住房等产生巨大的投资需求。以"两新一重"[②] 建设为例，其被视作"扩大有效投资，重点支持既促消费惠民生又调结构增后劲"的有力抓手，也成为重大项目建设、扩大有效投资的精准发力点。目前，"两新一重"项目正成为中国 PPP 投资热点。

　　新经济、新业态、新模式更加有效地满足人民对美好生活需求。近年来，网络购物、线上订餐、跨境电商等新型消费快速发展。特别是疫情期间，网络购物、移动支付、线上线下融合等新业态新模式有效满足了人民对美好生活的需求。"十三五"时期，中国电子

<hr/>

① 中华人民共和国外交部. 中国落实 2030 年可持续发展议程国别自愿陈述报告 [EB/OL].（2021-06）. https://www.fmprc.gov.cn/web/ziliao_674904/zt_674979/dnzt_674981/qtzt/2030kcxfzyc_686343/P020210714829714010556.pdf.
② 2020 年在中国政府工作报告中被首次提出，具体指新型基础设施建设、新型城镇化建设和交通、水利等重大工程建设。

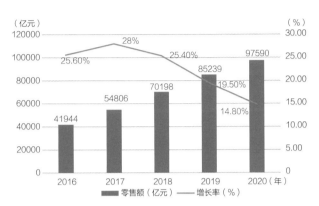

图 1-4　"十三五"时期中国实物商品网上零售额变化图
（数据来源：历年国民经济和社会发展统计公报，作者自绘）

商务交易额、网上零售额年均增速分别达到 11.3%、21.9%。2020 年，中国实物商品网上零售额达到 9.8 万亿元，同比增长 14.8%，占社会消费品零售总额的近 1/4。跨境电子商务交易额实现 1.69 万亿元。据中国互联网络信息中心统计，2020 年我国在线教育、在线医疗用户规模分别为 3.42 亿、2.15 亿，渗透率分别达到 34.6%、21.7%。

1.2.3　以人为核心的新型城镇化不断满足人民美好生活的需要

　　决战脱贫攻坚取得决定性成就。按照现行贫困标准计算，中国 7.7 亿农村贫困人口摆脱贫困，占同期全球减贫人口 70% 以上，提前 10 年实现《联合国 2030 年可持续发展议程》减贫目标。自 2015 年中国政府作出打赢脱贫攻坚战的决定以来，中国实现了现行标准下 9899 万农村贫困人口全部脱贫，832 个贫困县全部摘帽、12.8 万个贫困村全部出列，相当于一个中等国家的人口。"十三五"时期，中国贫困人口 [③] 人均纯收入

<hr/>

③ 指在全国扶贫信息网络系统中建档立卡的贫困人口。

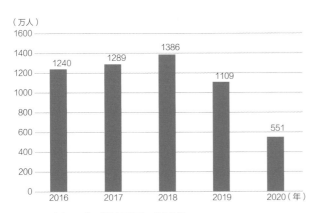

图 1-5　"十三五"时期中国历年减贫人数
（数据来源：人类减贫的中国实践，作者自绘）

由 2015 年的 2982 元增加到 10740 元，年均增幅达 29.2%。贫困家庭辍学学生实现动态清零，1936 万建档立卡贫困人口纳入社会救助保障范围，790 万户、2568 万贫困群众的危房得到改造。同时，农村基础设施稳步完善，新改建农村公路 110 万千米，贫困地区农网供电可靠率达到 99%。持续实施村庄清洁行动，全国 95% 以上的村庄行动起来，先后动员 4 亿多人次参加。全国畜禽粪污综合利用率达 75%、秸秆综合利用率达 85%、农膜回收率达 80%，全国绝大部分村庄已达到干净整洁的要求。

着力构建优质均衡的基本公共教育服务体系。从 2016 年起，中国建立健全城乡统一、重在农村的义务教育经费保障机制，实现相关教育经费随学生流动可携带。"十三五"时期，中央财政安排 1639 亿元，支持全面改善贫困地区义务教育薄弱学校基本办学条件，促进基本公共教育均衡发展。2019 年，中国教育经费总投入首次突破 5 万亿元。"十三五"期间，高中阶段教育毛入学率达到 91.2%，高等教育进入普及化阶段，研究生在校生规模达到 314 万人，财政性教育经费占 GDP 比例保持在 4% 以上，劳动年龄人口平均受教育年限预计提高到 10.8 年，教育质量取得显著提升。

实施扩大中等收入群体行动计划。依据世界银行中等收入群体标准 [①]，依据中国收入分配研究院 CHIP 数据推算，2019 年中国中等收入群体规模已达 4.38 亿人左右，占人口比重约 31.1%。但相较于发达国家中等收入群体人口占比 60% 到 70%，中国中等收入群体仅占总人口约 30%，仍有较大差距。调整产业结构、提升人力资本水平、优化收入分配结构、完善社保制度是中国未来改革重点。

1.3　可持续城镇化的高质量转型

1.3.1　实现 1 亿农业转移人口在城镇落户目标

全面完成 1 亿农业转移人口落户目标。"十三五"时期，中国农业转移人口市民化工作成效明显，城区常住人口 300 万以下城市基本取消落户限制，1 亿农业转移人口和其他常住人口在城镇落户目标如期完成，并向未落户常住人口累计发放居住证 1.1 亿张。依据第七次全国人口普查公报数据，2020 年中国居住在城镇的人口为 9.02 亿人，常住人口城镇化率 63.89%。同年，户籍人口城镇化率为 45.4%，较 2015 年末上升 5.5 个百分点，城镇户籍人口增量 1.07 亿人。

居住证制度有序实施。农业转移人口逐步融入城市，共享城市建设发展成果。向未落户常住人口发放 1 亿多张居住证，基本公共服务加快覆盖全部城镇常住人口，农业转移人口享有更多更好的义务教育、医疗卫生和技能培训等服务，90% 左右农民工随迁子女在流入地公办学校或政府购买学位的学校接受义务教育。

---

① 世界银行中等收入标准为成年人每天收入在 10 美元至 100 美元之间，即年收入 3650 美元至 36500 美元。按照美元与人民币 1∶6.7 的汇率计算，世界银行中等年收入标准为 2.44 万至 24.45 万元人民币，即月收入标准在 2033 元至 20375 元人民币之间。

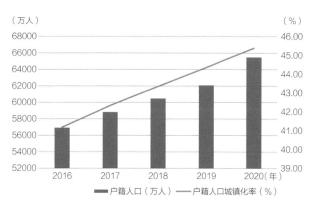

（万人）　　　　　　　　　　　　　　　　　　（%）

图1-6　"十三五"时期中国城镇户籍人口及户籍人口城镇化率变化图
（数据来源：2020年数据来自第七次全国人口普查公报，2015—2019年数据来自历年国民经济和社会发展统计公报，2015年户籍人口城镇化率数据来自国家新型城镇化报告2015，作者自绘）

强化就业优先政策，不断创造就业岗位。就业是民生之本，为保证农业转移人口进得来，更要留得住，中国持续强化就业优先政策，2020年城镇新增就业900万人以上。职业技能培训3500万人次以上，高职院校扩招200万人。

1.3.2　以人民为中心全面提升城市品质

以健康城市理念推动中国城市健康发展。坚持以人民为中心的发展思想，把人民生命安全和身体健康作为城市发展的基础目标。在原有卫生城市的基础上，国

专栏1-5　苏州——健康服务实现高质量供给

2020年，苏州公布2019年户籍人口人均期望寿命，达到83.82岁，位居全国第一，反映地区整体健康水平稳步提升。"十三五"以来，苏州市聚焦建设与高水平全面小康社会相适应的现代医疗卫生服务体系，打造健康苏州综合服务管理服务体系。自2016年起，苏州市陆续出台健康市民、健康城市、健康卫士、健康场所、健康市民倍增等一系列"531"行动计划，形成市民健康综合服务体系。

补足健康供给体系短板。"十三五"期间，苏州市迁建市疾控中心，新建市妇幼保健院和太湖新城医院两个三级医院，提升各附属医院区域服务能力水平、市属医院专科特色水平、公共卫生和基层卫生机构配置标准与发展水平，累计新、改扩建50余家基层医疗卫生机构，着力补足苏州医疗卫生资源各项短板。

"互联网+"提升"智慧健康"水平。建成公共卫生基础信息平台、疾病监测管理系统、预防接种公众服务平台等数据平台，推动全市卫生数据联网互通。完成"健康苏州掌上行"服务平台一期项目建设，为市民提供统一的一站式医疗服务入口，推动医疗服务智慧化建设。

苏州市相城高新区居民在"家庭医生工作室"内进行健康咨询和医疗服务
（图片来源：中国新闻图片网）

家卫健委依据《"健康中国 2030"规划纲要》推动中
国健康城市建设，通过完善城市的规划、建设和管理，
改进自然环境、社会环境和健康服务，全面普及健康生
活方式，满足居民健康需求，实现城市建设与人的健康
协调发展。

　　建设全龄友好型宜居城市打造幸福城市样板。以
居民的多层次需求为导向，聚焦不同年龄段人群需求，
特别是儿童与老人，提升公共资源的精细化配置和全生
命过程的人性关怀，让人民群众拥有更多的获得感、幸
福感、安全感。重点关注保障老人、残疾人、儿童等各
类人群的需要，打造老年友好、儿童友好型城市。依据
第七次全国人口普查数据，中国人口老龄化程度进一步
加深，60 岁及以上人口为 26402 万人，占 18.70%；
65 岁及以上人口为 19064 万人，占 13.50%。未富先
老、快速老龄化和超大规模老年人口等特征，将是中国
在未来一段时期的重要国情，将实施积极应对人口老龄
化国家战略，完善养老服务体系。

1.3.3　提升中心城市功能与建设现代化都市圈，持续推进区域协调发展

　　遵循产业和人口向优势区域集中客观经济规律，
增强中心城市和城市群等经济发展优势区域的经济和人
口承载能力。城市群集聚人口和经济作用持续显现。截
至 2019 年，19 个城市群以约 1/4 的国土面积，承载
了中国 75% 以上的城镇人口，贡献了 80% 以上的国
内生产总值。中心城市在全球城市体系中的地位稳步提
升，2018 年，中国有 44 个城市列入 GaWC 世界城
市榜单。面向未来，中国将依据实际合理控制城市人口
密度，建设一批产城融合、职住平衡、生态宜居、交通
便利的郊区新城，推动多中心、郊区化发展，逐步解决
中心城区人口和功能过密问题。因地制宜推进城市空间

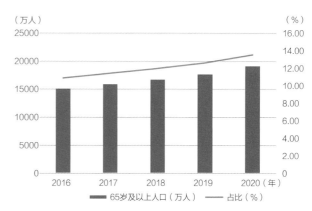

图 1-7　"十三五"时期中国 65 岁及以上人口数量及占比
（数据来源：历年中国统计年鉴，作者自绘）

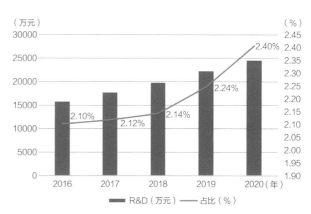

图 1-8　"十三五"时期中国 R&D 经费投入及占 GDP 比重变化图
（数据来源：历年中国统计年鉴，作者自绘）

布局形态多元化。东部等人口密集地区，优化城市群、
都市圈内部空间结构，合理控制大城市规模，推动城市
组团式发展，形成多中心、多层级、多节点的网络型结
构。中西部地区，积极培育多个中心城市，避免"一市
独大"的弊端。

　　突出科创中心建设在新发展阶段的全局性战略地
位和价值。创新是引领发展的第一动力。近年来中国科
技创新能力显著增强，R&D 经费投入总量持续增长，
2020 年达到 2.4 万亿，投入规模稳居世界第二，占
GDP 比重达到 2.4%，科技进步贡献率超过 60%。每

专栏 1-6　成都都市圈取得显著进展

自 2020 年四川省委推进成德眉资同城化发展工作会议召开以来，成德眉资携手合作，同城化共识已经形成，在现代化立体交通网、产业生态圈跨区域协作、公共服务一体化效能、生态环境共建共享等方面均有突破。

加强创新协同产业协作力度。成德眉资联合发布城市机会清单释放需求信息 1525 条，推进成德临港、成眉高新技术、成资临空经济产业带项目 464 个，完成投资约 1088 亿元。

推进轨道交通公交化运营。2020 年，成都都市圈日开行动车达 107.5 对、为公交化运营前的 3 倍，日均客流量达 3.8 万余人次、为公交化运营前的 3.5 倍，跨市公交增至 9 次、日均客流量达 2.2 万余人次。

深化公共服务一体化。实现成都都市圈居民就医"一码通"，服务 1000 余万人次持码就诊；异地就医联网结算医疗机构增至 17748 家，毗邻地区覆盖率达 100%。

协同开展岷江沱江生态环境治理和饮用水水源地保护，成都都市圈内 17 个国考断面水质优良占比 100%，PM2.5 平均浓度同比下降 7.9%。

万人口发明专利拥有量预计达到 15.8 件，2019 年专利申请数达到 438 万项，居世界首位。为强化科创中心的战略地位和价值，"十四五"时期中国将支持北京、上海、粤港澳大湾区形成国际科技创新中心，建设北京怀柔、上海张江、大湾区、安徽合肥综合性国家科学中心，支持有条件的地方建设区域科技创新中心。

持续培育现代化都市圈。近些年来，建设现代化都市圈已成为中国推进新型城镇化工作的重要抓手之一，国家发展和改革委员会等部委陆续出台涉及都市圈指导

性政策 6 项，各地也纷纷制定和出台各类都市圈规划、政策与重点项目。

加快推动京津冀协同发展。京津冀协同发展实施 7 年以来，抓住疏解非首都功能这个"牛鼻子"，发挥"一核"辐射带动作用，持续增强与三地协同联动。目标一致、层次明确、互相衔接的协同发展规划体系基本建立。重点领域协同发展取得积极进展。

高质量建设北京城市副中心，打造京津冀协同发展"桥头堡"。

专栏 1-7　北京城市副中心加快建设成京津冀协同发展的重要"一翼"

2018 年底至 2019 年初，首批 35 个市级部门、165 家单位、约 1.2 万人有序迁入城市副中心行政办公区。优质教育资源、医疗资源等纷至沓来，北京友谊医院通州院区、东直门医院通州院区二期投入使用，北京学校、人大附中等 10 所市级优质教

育资源入驻。基础设施和市政配套设施不断完善，七号线东延、八通线南延、市郊铁路副中心线正式运营，广渠路二期、壁富路等一批交通干道建成通车。通过大尺度的绿化造林和大规模的河道治理，城市副中心森林覆盖率已达 33.02%，城区绿化覆盖率达 51.02%，"两带、一环、一心"的绿色空间格局逐步建成。

城市绿心森林公园航拍图
（图片来源：北京清华同衡规划设计院有限公司）

高标准高质量建设雄安新区，推动京津冀协同发展向深度广度拓展。

全面提升长三角一体化发展。长江三角洲地区包括上海市、江苏省、浙江省、安徽省全域，是中国经济发展最活跃、开放程度最高、创新能力最强的区域之一，也是中国完善改革开放空间布局、打造发展强劲活跃增长极的重大战略举措。当前，长三角一体化发展规划政策体系"四梁八柱"初步构建，多层次工作机制发挥实效，生态绿色一体化发展示范区启动建设。

积极稳妥推进粤港澳大湾区建设。自粤港澳大湾区发展上升为国家战略以来，粤港澳三地加速融合发展。"1+N"规划政策体系逐步构建，大湾区国际科技创新中心"两廊""两点"建设框架初步形成。三地规则衔接、机制对接工作加快推进，创新要素流动更加便捷。

推动成渝地区双城经济圈建设。2020 年 1 月，成渝地区双城经济圈建设上升为国家战略。成渝地区双城经济圈是中国西部地区发展水平最高、发展潜力较大的城镇化区域，是推动中国西部形成高质量发展的重要增长极。

专栏 1-8　雄安新区进入大规模建设阶段，融入北京一小时交通圈

雄安新区配套政策逐步完善，截至日前，国家已经出台了雄安新区总体规划和 20 多个专项规划等多项政策，为新区发展提供强有力的政策支撑。2020 年底，京雄城际铁路全线贯通，雄安站至北京西站仅需 42 分钟，雄安新区融入北京一小时交通圈。2021 年 5 月，随着京雄高速（河北段）、荣乌高速新线、京德高速（一期）开通，将与京港澳高速、大广高速多条高速通路，共同构成"四纵三横"的交通路网，京雄交通体系将进一步完善。2021 年 4 月，中国卫星网络集团有限公司在雄安注册成立，雄安新区迎来了第一个总部落户雄安的央企。

京雄城际铁路实现全线贯通，雄安新区开工建设的第一个重大基础设施项目——雄安站综合交通枢纽正式投入使用，它将成为新区承接北京疏解非首都功能、面向京津冀及全国的辐射纽带，同时作为站城一体的城市门户，提供城市服务功能，带动城市集聚发展。

旅客在雄安站乘车
（图片来源：中国新闻图片网）

专栏 1-9   下好"先手棋"，加快推动长三角生态绿色一体化发展示范区建设

2019 年 12 月，《长江三角洲区域一体化发展规划纲要》印发，并确定上海市青浦区、江苏省苏州市吴江区、浙江省嘉兴市嘉善县作为长三角生态绿色一体化发展示范区。一年以来，示范区着力突破行政壁垒，编制国内首份跨省域共同编制、具有法定效力的国土空间规划，实现"一张蓝图管全域"。制订示范区政府核准的投资项目目录，出台外国高端人才工作许可互认实施方案，修订《上海市海外人才居住证管理办法》，建立统一的市场准入和人才流动标准。推动公共服务一体化，形成第一批共 20 项公共服务项目清单；两区一县 85 家医保定点医疗机构接入门急诊联网结算系统，覆盖三地参保人员 231 万；实现三地专业技术人才职业资格、职称以及继续教育学时跨省域互认、共享。

浙江嘉善市民在行政审批中心的长三角"一网通办"专窗办理业务
（图片来源：中国新闻图片网）

首届长三角国际文化产业博览会在上海开幕
（图片来源：中国新闻图片网）

专栏 1-10　依托合作区建设 推动大湾区高质量发展

近年来，大湾区逐步突破体制机制束缚，广东对港澳地区实施更短的负面清单，实现港澳企业商事登记"一网通办"。近三年，广东省新引进港澳资企业5万多家，实际利用港澳资金达3400多亿元，深圳湾口岸货检通道、横琴口岸都实现24小时通关，体制机制的"软联通"正在加快落地。河套深港科技创新合作区、横琴粤澳深度合作区等在其中发挥重要作用。

以河套深港科技创新合作区为例，其位于福田区南部，是深港两地物理和几何上的中心点，拥有皇岗口岸、福田口岸两个口岸，福田保税区一号通道跨境直联互通，拥有"一河两岸""一区两园"的特殊优势以及独特条件。总面积近4平方千米的河套深港科技创新合作区是关于深圳和香港"全面制度规则衔接"的试验起步区。

合作区冲破了体制机制的束缚，推动深圳香港规则加速融合。目前已实现科研设备、科研人员在合作区内快速出入境；实现香港科研机构办事"信用＋秒批"，国内第一家由港澳投资的税务师事务所成立。放宽港澳涉税专业人士的执业限制等措施的推出，将吸引更多香港税务师到深圳工作。

专栏 1-11　川渝两地加快推动成渝双城经济区建设成效初显

近年来，成渝地区双城经济圈已在制度创新、产业协同、基础设施互联互通等领域取得重大突破。2020 年 12 月，成渝高铁开始开行复兴号动车组，从成都东到重庆沙坪坝火车站仅需 62 分钟，成渝间高铁已实现"公交化"运营。2021 年 1 月，两地联合发布了川渝政务服务第一批通办事项清单，推动了 95 项跨省通办事项线上全网通办或者线下异地可办，实现医保跨省异地结算、社保异地转移接续、公积金互认互贷等。

1.3.4　推动建立城乡统一要素市场，加快推进县城补短板建设

建立健全城乡统一的建设用地等要素市场，促进城乡要素双向流动。在加快农业转移人口市民化工作基础上，中国正在逐步建立健全城乡统一的建设用地等要素市场，从制度层面进一步推动城乡融合发展。未来工作重点是统筹推进集体经营性建设用地入市、农村土地征收、宅基地制度改革。加快修改完善《土地管理法实施条例》，完善相关配套制度，制定出台农村集体经营性建设用地入市指导意见。建立公平合理的集体经营性建设用地入市增值收益分配制度。全面推开农村土地征收制度改革，扩大国有土地有偿使用范围。建立公共利益征地的相关制度规定。探索建立全国性的建设用地、补充耕地指标跨区域交易机制。健全宅基地权益保障方式，鼓励依法自愿有偿退出宅基地。

加快推进县城补短板工作，以县域为基本单元系统推动乡村振兴。2019 年中国共有 1494 个县和 387 个县级市，县城和县级市城区常住人口共计 2.4 亿人，占全国城镇常住人口的 28% 左右。县及县级市 GDP 体量为 38 万亿元左右，占全国 GDP 总量的 38% 左右（根据国家发改委《关于加快开展县城城镇化补短板强弱项工作的通知》发布会）。加快县城补短板强弱项，将有利于优化城镇化空间结构，推进城乡融合发展，在一些有条件的地区县城及县级市推进公共服务设施、环境卫生设施、市政公用设施、产业配套设施提级扩能，加快补齐公共服务、基础设施领域短板弱项，增强县城综合承载能力和治理能力，引导劳动密集型产业、县域特色经济及农村二三产业在县城集聚发展，补强城镇体系重要环节。以县域为基本单元推进城乡融合发展与乡村振兴，强化县城综合服务能力和乡镇服务农民功能，优化生产生活生态空间，持续改善村容村貌和人居环境，实施乡村建设行动。

第二章

持续改善的
城市人居环境

城市住房发展

居住社区建设

城市居住区有机更新

持续改善的城市人居环境

联合国可持续发展目标（Sustainable Development Goals）第 11 项"建设包容、安全、有抵御灾害能力和可持续的城市和人类住区"提出"到 2030 年，确保人人获得适当、安全和负担得起的住房和基本服务，并改造贫民窟"的发展目标。近年来，中国以推进以人民为中心的新型城镇化为核心，完善住房政策、提升住房保障与居住水平，推动可持续社区建设、全面推进城镇老旧小区更新改造，持续改善城市的人居环境。"十三五"期间城乡居民住房水平不断提高，2019 年城镇和农村居民人均住房建筑面积分别达到 39.8 平方米和 48.9 平方米。中国家庭住房水平从"一户一房"向"一人一间"甚至"一人一卧、人均 45 平方米"迈进。全国棚改累计开工预计超过 2300 万套，5000 多万居民搬出棚户区住进楼房；中国建成了世界上最大的住房保障体系，承载了 2 亿多群众的安居梦想。

2.1　城市住房发展

2.1.1　加强住房保障，完善租购并举住房体系

推动更加精准的住房保障。2021 年初，住房和城乡建设部再次强调加快构建以保障性租赁住房和共有产权住房为主体的住房保障体系，其中：保障性租赁住房包括公租房和政策性租赁住房，公租房主要面向住房和收入"双困"城镇户籍家庭，努力实现应保尽保；对中等偏下及以下收入住房困难家庭在合理轮候期内予以保障；政策性租赁住房主要面向环卫、公交等基本公共服务行业住房困难职工，以及符合条件的青年医护人员、青年教师、引进人才、退役军人等新市民群体，实物保障以配租集体宿舍为主，以小户型低租金的政策性住房为辅，各地市也可根据实际情况拿出一定数量公租房房源面向新市民群体；共有产权住房以面向户籍人口为主，在人口净流入的大中城市逐步扩大到常住人口。

两年来，各地通过新增供地建设和存量房源筹集转化并举，实物配租和租赁补贴兼顾等方式，更加有效地推动了保障性住房供应与分配工作。截至 2020 年底，全国 3800 多万困难群众住进公租房，累计 2200 多万困难群众领取租赁补贴，城镇低保、低收入住房困难家庭基本实现应保尽保。截至 2019 年底，44 万青年教师、16 万青年医生、10 万环卫工人、4 万公交司机获得了精准保障。

大力发展租赁住房，完善租购并举住房体系。2020 年 12 月，中央经济工作会议就"住有所居""房住不炒"提出解决好大城市住房突出问题、整顿租赁市场秩序等重点任务，明确要求高度重视保障性租赁住房建设，加快完善长租房政策，规范发展长租房市场，逐步使租购住房在享受公共服务上具有同等权利。与此同时，北京、上海等人口净流入城市的土地供应向租赁住房建设倾斜，单列租赁住房用地供应计划，加快探索利用集体建设用地和企事业单位自有闲置土地等空间资源建设租赁住房，发挥国有和民营企业作用，降低租赁住房税费负担，对租金水平进行合理调控。

2.1.2　推广更加健康、韧性、共享的高品质住房住区

推广健康住宅、被动式超低能耗居住建筑。2020 年 7 月，住房和城乡建设部等七部门印发《绿色建筑创建行动方案》，特别强调完善住宅相关标准，强化住宅健康性能设计要求，推动新建住房和存量住房改造中的绿色健康技术应用，并通过将住宅绿色性能、

专栏 2-1　深圳市多渠道筹集人才住房和公共租赁住房房源

2020 年 2 月，深圳市住房和建设局发布《深圳市人才住房和公共租赁住房筹集管理办法（试行）》，提出满足房屋结构安全、消防安全和地质安全条件的房源可作为人才住房和公共租赁住房，包括住宅或商务公寓、商业用房按规定改建成的租赁住房、城中村房源、经依法处理后的没收类违法建筑、其他社会存量用房等。同年 3 月，深圳市住房和建设局印发《深圳市城中村规模化租赁整治改造消防安全指引》，为筹集房源的规范化改造、使用与管理提供了技术参考。

各地完善被动式超低能耗居住建筑相关标准的实践示例　　　　　　　　　　　　　　表2-1

相关标准发布	时间
住房城乡建设部颁布《被动式超低能耗绿色建筑技术导则（试行）（居住建筑）》	2015年10月
北京市发布《超低能耗居住建筑设计标准》	2019年10月发布（2020年4月施行）
《上海市建筑节能和绿色建筑示范项目专项扶持办法》（沪住建规范联〔2020〕2号）	2020年3月发布
《天津生态城超低能耗居住建筑设计导则》	2020年9月发布
《江苏省超低能耗居住建筑技术导则（试行）》	2020年12月印发并施行

全装修质量指标纳入商品房买卖合同等方式建立绿色住宅使用者监督机制。2021年6月，住房和城乡建设部等15部门联合发布《关于加强县城绿色低碳建设的通知》，指出县城民用建筑高度要与消防救援能力相匹配，新建住宅以6层为主，6层及以下住宅占比应不低于75%。

提高住房住区韧性。联合国可持续发展目标（SDG）提出，要建设"可持续的，有抵御灾害能力的建筑"。2020年初暴发新冠肺炎疫情以来，中国住房住区的建设与管理更加重视疫病预防、阻断传播、保障公共卫生安全等方面的能力提升，包括居住密度适宜、人流动线合理、卫生间数量和功能分区适当、开放社区与封闭式管理相结合等。2020年9月，原建设部副部长宋春华在《韧性城市中的住区建设》主题演讲中再次强调，要重点关注住房建筑开辟第二逃生通道，各地市也在同步探索相关政策与行动。2021年2月，江苏省江阴市发布《关于开展打通"第二生命通道"专项行动的通知》，特别指出在全市出租房屋（含单位宿舍）中要配全逃生器材，必须设有"第二逃生通道"，严禁影响灭火救援和疏散逃生，确保"烧不起、烧不大、跑得了"。

更加注重共享经济和共享生活方式下的居住空间资源配置，提倡租赁住房"小居大家"。公共区域和辅助用房是提升住房特别是租赁住房居住品质的重要内容。以2020年10月出台的《上海市租赁住房规划建设导则》、2021年1月公开征求意见的《北京市租赁住房建设导则（试行）》（征求意见稿）为例，二者均在租赁住房公共区域功能组织方面鼓励创新设计，包括可聚会、交往、沙龙的公共客厅，可烘焙、夜食、茶歇的公共厨房，可阅读、课程、工作、SOHO的公共书房，可半室外活动、集中晾晒的公共晒台等功能空间作为小户型租赁住房的功能补充或提升，体现"小房型、大空间、悦生活"的设计理念。

政府层面多环节、多手段加强住宅质量把控。自2018年中国工程建设协会推出《百年住宅建筑设计与评价标准》以来，各地积极探索编制地方标准，推进试点与实践。以北京市为例，在2021年度首批商品住宅用地集中出让活动中，市规划自然资源委、市住房城乡建设委及相关区政府通过"房地联动、一地一策"会商机制，对挂牌交易地块全部设置了最低品质保障要求，即未来住宅要实现绿色建筑二星级标准、

专栏 2-2　高品质住房住区建设实践

1. 科技助抗疫的北京市海淀区"智慧社区治理系统"

2020 年新冠肺炎疫情暴发期间，北京市海淀区政府指导某高新技术企业公司在原有"智慧社区"系统的六大功能（居民服务、物业服务、居委会服务、社区警务站、街道和区政府、企业物联网管理）基础上，为"居民服务"板块增加了戴口罩人脸识别、测温、健康码核验等功能，并将系统与北京市健康码系统进行关联，实现社区进出人员安全防疫管理。2020 年 6 月已在海淀区 15 个街镇应用，为 47 个小区、近 7 万居民提供服务。

2. "北京最美公租房"：燕保·百湾家园

燕保·百湾家园位于北京市朝阳区东四环东五环之间，广渠路南侧，化二东侧路东侧。占地 8.44 万平方米，总建筑面积 47.33 万平方米，地上建筑面积 30.33 万平方米，地下建筑面积 16.99 万平方米。其中住宅面积为 20.67 万平方米，共 4000 套房屋，有着"北京最美公租房"之称，12 座曲线型住宅楼体围合的公共区域，一层设计为下沉庭院和商业配套，二层覆以绿植、设有环形慢跑跑道，因此也被称为"漂浮的城市花园"。

项目由国际著名建筑大师马岩松先生亲自设计，以漂浮的"山水城市"理念为指导，以立体景观为主要设计思路，创造独特的景观环境系统。项目住宅楼共有四种形态楼型，分为单廊式住宅楼、双廊式住宅楼、柯布式建筑、青年公寓。"Y"形基本平面相互联系，形成富于变化的建筑形体，并通过退台的造型处理，形成高低错落的"山"的形象。建筑立面设计以简单的横线条为主要手段，为阳台、空调板等建筑构件提供条件，并不做无用的装饰，形成简洁的立面风格。

项目共有 7 种户型，面积在 40—65 平方米之间，其中一居室面积为 40—50 平方米，共 3740 套；两居室面积为 60—65 平方米，共 260 套。室内精装采用装配式内装技术体系，使租户拎包即可入住。项目 2#、4# 楼公租房作为"超低能耗"试验点，是针对北京地区气候特点进行的环保节能尝试，低能耗的外窗系统，无热桥的设计，卓越的气密性，从材料、部件到施工工艺、质量标准全面考虑，为今后北京市推广超低能耗建筑技术积累了经验。

北京燕保·百湾家园公租房：漂浮的城市花园
（图片来源：北京市保障房投资中心）

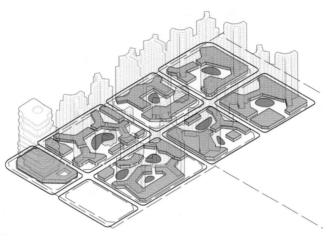

北京燕保·百湾家园公租房——首层共享空间
（图片来源：北京市保障房投资中心）

北京燕保·百湾家园公租房——漂浮的城市花园
（图片来源：北京市保障房投资中心）

采用装配式建筑且装配率达到 60%、设置太阳能光伏或光热系统。同时在全国首个提出高标准商品住宅建设方案评选的交易程序,明确了评审内容和评分标准,对于进入该环节的项目,将从建筑品质和规划建筑设计两部分进行评审。

2.2　居住社区建设

社区不仅是设施配置精细化的居住区,同时也包含着因地缘联系而形成的人际关系及其影响。从规划角度看,社区是一个有适宜尺度、便利设施和宜人环境的空间;从社会学角度看,社区则是一群利益相关、有着属地认同和文化认同的人群,通过积极互动建立和谐的邻里关系。基于共同命运和公民意识的社区共同体建设,不仅有助于推进社区治理,而且有助于城市亚文化的构建,促进社区文化和价值观的培育,增强市民的认同感和归属感。

近些年,社会各界对社区的关注度越来越高,很多城市掀起了社区规划工作的新热潮,既包括设施配套完善、环境景观提升,也包括邻里关系营造,逐渐积累了丰富的实践经验。2020 年初的一场新冠肺炎疫情,也让大家进一步体会到了社区的重要性,通过社区培育形成的社区自我管理、自我组织、互相支持、互相救助的自组织机制,在应对突发事件的非常时期发挥着关键性的支撑作用。

2.2.1　建设包容友好的完整社区

随着城市的发展和社会的进步,在连结城市与人的过程中,社区的人本价值日益重要,社会治理的作用也逐渐突出。作为社会治理的基层单元,社区不仅仅是治理"大城市病"的解决方案,同时也是城市应急动员与防控的基石。未来,步入城镇化快速发展的中后期,社区的意义日益深远,重要性也与日俱增。

基于对社区意义认识的提升,社区工作越来越得到全社会的重视。2019 年 3 月,浙江省政府印发了《浙江省未来社区建设试点工作方案》(浙政发〔2019〕8 号),全面启动未来社区建设试点工作。聚焦人本化、生态化、数字化三维价值坐标,构建以未来邻里、教育、健康、创业、建筑、交通、低碳、服务和治理等九大场景创新为重点的集成系统,打造有归属感、舒适感和未来感的新型城市功能单元。

社区建设更注重回归人本,强调全年龄段友好,关注妇女、儿童、老年人和残疾人等群体需求,提供安全、包容、无障碍、绿色的居住环境。2019 年 9 月,

专栏 2-3　上海市嵌入式养老体系

面对超大型城市寸土寸金、老年人高度集聚的特点,上海在全国首创把社区嵌入式养老服务作为大城养老的首选模式。一是建立"1+X"社区嵌入式养老体系,"1"是养老服务综合体,每个街镇至少要有 1 家;"X"就是各类功能性设施及服务,包括以短期托养为主的长者照护之家、老年人日间服务中心、老年助餐服务场所等。二是以社区嵌入式养老服务为基点,向社区老年人提供康复训练、助餐、助浴、培训支持等服务。三是依托家庭成员、社区志愿者等为家庭养老提供增能支持服务。

图 2-1　杭州拱墅区拱墅瓜山城中村未来社区
（图片来源：中国新闻图片网）

深圳在全国率先出台了《深圳市儿童友好型社区建设指引（试行）》，明确了相关建设要求和服务内容，强化了社区在空间上对儿童友好理念的落实；2020 年 12 月，国家卫生健康委、全国老龄办印发了《关于开展示范性全国老年友好型社区创建工作的通知》（国卫老龄发〔2020〕23 号），重点围绕改善老年人居住环境、方便老年人日常出行、提升为老年人服务质量、扩大老年人社会参与、丰富老年人精神文化生活、提高为老服务科技化水平以及管理保障等方面内容，并明确指出 2021 年全国将首批创建 1000 个示范性城乡老年友好型社区。除此之外，全龄社区建设与全龄友好的城市发展交相呼应，到 2020 年，建设儿童友好型城市也从一

个概念逐步变成各个城市的普遍性共识和集体行动。一是各个城市积极开展儿童友好型空间更新工作，并积极鼓励少年儿童参与，共商共议；二是积极倡导全民参与，面向儿童提供各类适龄化服务。同时，积极应对城市老龄化的挑战。2020 年 7 月，民政部、国家发展改革委、财政部、住房和城乡建设部、国家卫生健康委、银保监会、国务院扶贫办、中国残联、全国老龄办等 9 部委联合印发《关于加快实施老年人居家适老化改造工程的指导意见》、2021 年《国民经济和社会发展第十四个五年规划和 2035 年远景目标纲要（草案）》进一步明确提出实施积极措施应对人口老龄化的国家战略。以北京、上海为代表的头部城市结合"十五分钟生活圈"规

划，积极探索适应于超大城市存量空间有机更新与高品质养老需求双重诉求的养老体系。

2020 年，住房和城乡建设部等 13 部门联合印发《住房和城乡建设部等部门关于开展城市居住社区建设补短板行动的意见》和《完整居住社区建设标准（试行）》，指出"完整居住社区"是为群众日常生活提供基本服务和设施的生活单元，也是社区治理的基本单元，并从基本公共服务设施完善、便民商业服务设施健全、市政配套基础设施完备、公共活动空间充足、物业管理全覆盖和社区管理机制健全 6 个方面明确了 20 条"完整居住社区"的建设内容和建设要求，作为开展居住社区建设补短板行动的主要依据。目前，国内许多城市正在开展"美好环境与幸福生活共同缔造"活动来推进"完整居住社区"建设。

"完整居住社区"正是未来的发展方向，即完善社区基础设施和公共服务，创造宜居的社区空间环境，营造体现地方特色的社区文化，推动建立共建共治共享的社区治理体系，营造更全面、更融合、更有温度的社区。

专栏 2-4　北京朝阳区双井街道 2019 年入选联合国人居署国际可持续发展试点社区

双井街道位于 CBD 商业区以南，劲松、潘家园等居住区以北，功能混合度高，既有大量的居住空间，又有大量的就业空间。区域内 2000 年后建成的居住小区较多，是典型的商品房街区，并且职住人群多、年轻人占比较高，充分保障了区域的人口活力，共同奠定了双井打造成可持续社区的人地房基础。此外，系统评估显示，双井街道的职住便利度、公共服务设施便利度、区域的商业和文化活力、住区的品质等，均属于北京市的较高水平。

双井打造"井井有条"大数据平台
（图片来源：北京城市象限科技有限公司）

对应联合国可持续发展要求，双井街道明确提出"打造包容、安全、弹性和可持续城市"目标，并将其转化为精细到街道、街区级别的指标和计算因子，涵盖包容性、参与性、韧性等联合国人居署关注的维度。2019 年 7 月 16 日，双井街道成功入选联合国人居署国际可持续发展试点社区，成为中国被纳入国际可持续试点的第一个社区级试点。入选后，双井街道开展了"井井有条"街道大脑建设、环境移动监测体系建设、众享生活圈公共服务模拟评估、无障碍设施环境建设、未诉先办支撑体系、基层防疫智能化工作、双井 13 社区设计节等系列实践活动，打造成为儿童友好、老龄友好、女性友好、残疾人友好的友好型街区，营造了包容性的社区文化。

改造后的"井点一号"小微空间
（图片来源：北京城市象限科技有限公司）

2.2.2　构建多元社区生活圈

近年来，城市生活方式的变化催生了一系列新的社会诉求，城市公共服务模式也从单纯自上而下的居住配套设施建设，发展成为满足多元诉求的社区生活圈构建，更强调服务品质的提升和社区治理方式的精细化。社区生活圈的研究强化了社区作为"满足品质生活的空间载体"的重要意义，更好地回应了人民对美好生活的向往，从以物为中心到以人为中心，将社会、空间资源要素与居民的多样化需求持续、高效地协同配置，强调生活方式与生活品质，更紧密结合社区治理，是福利性、公益性和营利性公共空间的有机融合。

北京在城市副中心规划中体现了社区生活圈的理念，通过设施的梯度布局，建立起空间布局上的秩序，以加强社会认知与服务能力。规划采取适度集中、有机混合的方式组织各类设施，打造 12 个组团中心和 36 个家园中心，形成地缘中心、社会服务中心、公共活动中心高度复合的城市组织单元核。通过"市民中心—组团中心—家园中心—便民服务点"多级公共服务配置体系，构建起"5—15—30 分钟"三级递进的社区生活圈。重庆两江新区翠云片区也在规划中提出了"社区家园"的概念，将"公共结构体系 + 治理服务体系"植入新建片区，最终达成减容增绿、服务均等、独立用地、文化保护等目的。

随着一系列社区生活圈的规划探索与实践，多地逐步出台了重在顶层指引的技术指引。2016 年 8 月，上海颁布了《上海市 15 分钟社区生活圈规划导则》，涵盖了居住、就业、出行、服务和公共空间五个方面，不仅统筹了城市社会服务、文化营造、交往关怀、健康生活等多元需求，而且更加关注与社区治理的紧密结合，近年来已收到成效。2020 年 4 月，雄安新区出台了《雄安新区社区生活圈规划建设指南（2020 年）》，着眼于最贴近人民生活的 5 分钟社区生活圈的建设，以"基因街坊"作为城市生活空间的基本单元，实现宜居、宜业、宜游、宜养、宜学"五宜"的多元目标要求，并弹性配置"十全十美"的基因街坊设施，为雄安居民提供舒适、便捷的生活体验，为这座未来之城留下社区生活圈的艺术与文化基因，为世界范围的城市社区治理提供中国智慧。

在地方层面展开多方探索后，国家层面的生活圈技术导则也紧随其后。2021 年 5 月 26 日，自然资源部发布了《社区生活圈规划技术指南》行业标准报批稿，拟公示后报部审定发布实施；2021 年 5 月 28 日，商务部、住房和城乡建设部等 12 部门联合印发了《关于推进城市一刻钟便民生活圈建设的意见》，拟在全国范围内开展城市一刻钟便民生活圈建设试点。一系列的顶层设计有力推动着社区生活圈的构建，不断增强人民的获得感、幸福感和成就感。

2.2.3　推进社区营造、共同缔造实践

面对社会发展带来的多元目标，仅靠提升设施硬件水平已经无法满足居民诉求，社区营造通过公众参与和互动式的规划设计过程，让多元化的社区利益相关者共同参与，成为规划实施和城市更新的重要方式。自上而下提供公共服务的传统配置方式逐渐与自下而上的社区自组织模式相结合，更加强调社区居民的能动性的提升和社区自我组织管理能力的增强。例如，海淀区清河街道持续开展基层社会治理创新的"新清河实验"，以老旧小区公共空间改造为抓手，推进小区共同体建设，形成居民共治的长效机制，探索了政府治理和社会自我调节、居民自治之间良性互动的方式，促进公众参与，激发社区活力。

社群是社区营造过程中连接成本最低、动员能力

最强的组织方式，在社区建设中有着重要意义。在阿那亚社区、良渚文化村、麓湖社区等房地产项目中，也都能看到成功的社群培育的案例，业主们通过社群组织起来，以主人公意识建设宜居社区，共同创造美好生活。其呈现出的新特征，即精神层面的价值导向超越了物质层面的需求，成为集中居住的影响要素，以价值观共识来凝聚居民，并通过公共交往空间来维护共识。这种社交方式可以将内容的生产者与使用者统一起来，真正实现"人人为我、我为人人"。北京、上海等多地也陆续出台了物业管理条例，从制度层面推进社区共同缔造，推动构建和谐有机的健康社区。

随着城市建设与发展，北京、上海及一些较为发达的城市正步入更新时代，社区营造逐步从社区居民的参与拓展到全社会的共同参与，吸纳了专业工作者和社会力量的加入，一些敏锐和具有创新精神的人士及组织积极地走入街道、社区，作为社区规划师代表居民发声，尝试推进规划公众参与、协助基层政府以社区营造的模

式进行治理。经过十几年的探索，多地在社区营造方面的实践探索已展现出良好成效：

上海市自 2008 年起以徐汇区为先导，结合风貌区开展试点，采取"1+2"模式（1 位导师 +2 位规划师），促进精细化管理，提高环境品质，之后杨浦、静安、浦东、嘉定等区纷纷跟进，结合"15 分钟生活圈"等开展工作，2017 年在全市 16 个区推行社区规划师制度。2019 年 5 月，《北京市责任规划师制度实施办法》正式出台，使北京成为全国首个全面推行责任规划师制度的城市。截至 2020 年 12 月，该制度已覆盖北京市 318 个街道、乡镇和片区，涵盖规划院、专业设计机构、高校和个人全职等多种责任规划师团队类型，这也将是未来更多城市探索规划实施新的路径，责任规划师或社区规划师将会成为今后规划工作者的一片新天地。

社区营造通过公众参与和互动式的规划设计过程，让多元化的社区利益相关者共同参与，使社区这一适应自治互助的利益共同体得以有机运转。从以往自上而下

专栏 2-5　成都社区规划师带动引领社区规划项目落地开花

2018 年，成都成华区创新出台全面推行社区规划师工作方案。首创"导师团—设计师—众创组"三级社区规划队伍体系，强调社区微更新中居民的有效参与，注重规划项目有效性与可持续性的结合，建立"专项资金、以奖代补""竞进拉练、示范带动"和"广泛调动、共建共享"三项长效机制，整合各方力量共建共治共享美好家园。截至 2021 年初，成华区在社区规划师的带动引领下，陆续完成了 180 多个院落小区居民、380 个社会组织和社会企业、240 个驻区单位等直接参与的 342 个社区规划项目。培华路社区的"东郊田野农园"就是这 342 个项目中的一个。项目位于培华路社区成华广场左侧，曾经是市民休闲广场背墙边贫瘠的荒草地。2018 年，在社区规划师、众创组成员和驻区单位、全体居民的共同努力下，实现了"变废为宝"。在建设运营方面，由社区采取一系列措施积极，引导驻区单位、企业、社会组织、职工与居民共同参与；在后续管理方面，由区级相关部门和街道进行指导监督，通过"居委会主导—农园协会负责—居民自主实施"三级管理机制共同完成。辖区驻区单位、企业、社会组织、职工和居民们均可认领土地进行耕种，收成的作物，一半归认领耕作者，一半交社区众筹食堂作公益，使各方群体都成为田园的耕耘者和收获者，实现社区的共建共享。

的单向管理模式逐步转向社区居民、专业人士、民间资本与社会力量等多主体共同缔造的治理模式，促进民生问题改善、提升城市品质的同时，也助力社区乃至更广区域的经济发展，推动规划实施和城市更新。

2.3　城市居住区有机更新

2.3.1　推进居住区更新顶层设计

中国政府高度重视城乡居民居住条件改善，致力于不断提升城镇存量居住社区的更新改造。在全面推进新型城镇化的大背景下，2015 年，中央城市工作会议提出"推进城镇老旧小区改造"；2016—2018 年，不断细化相关政策并推出 15 个老旧小区改造试点城市。2019 年 3 月的政府工作报告再次强调要大力推进城镇老旧小区配套设施与服务提升改造，国家相关部门联合出台重要政策文件，老旧小区更新改造正式被纳入在全国层面推行的重要议程。

2020 年 7 月，为全面推进城镇老旧小区改造工作，国务院办公厅下发《关于全面推进城镇老旧小区改造工作的指导意见》（国办发〔2020〕23 号），这是国家层面对推进城镇老旧小区改造专门出台的第一个成体系的公共政策文件，从改造对象、改造内容、社会资本鼓励参与、工作协调机制、社会治理、资金筹集等方面，系统建构了城镇居住区更新改造的基本政策框架。在顶层政策设计基础上，各地区积极推进老旧小区更新改造实践，截至 2020 年 12 月底，全国新开工改造城镇老旧小区 4.03 万个，惠及居民 736 万户，顺利完成全年改造 3.9 万个老旧小区的目标。

同时，国家层面积极总结、汇集各地区老旧小区改造过程中涌现出的好经验、好做法，聚焦改造工作统筹协调、改造项目生成、改造资金共担等九大方面，先

后出台两批次可复制政策清单，自下而上地不断完善老旧小区改造的政策体系。

2.3.2　提升存量住房安全与韧性

全国城镇存量住房安全隐患排查工作基本完成，重点对 1980 年及以前住房实施结构抗震加固改造工程。近期重点对老旧住房住区实施消防设施改造，包括拓宽消防车通道并使用明显标示进行划定，增设消防器材装备点，楼道等公共区域配备灭火器、安装消火栓、安装压力检测传感器并接入公共管理平台，建设公用充电桩、充电头等。2021 年 6 月，在北京、广州等 31 个市县开展既有建筑改造利用消防设计审查验收试点，未来拟在保障消防安全的前提下，对更新改造类住房消防设计审查验收简化流程，形成可复制可推广的经验。

各地老旧小区改造在建设安装和运营维护的全生命周期内，强化住房安全质量管理，提升存量居住区韧性。在老旧小区工程改造阶段：一是落实质量安全责任。北京市明确相关部门加强对加装电梯项目实施过程的安全、质量监督，督促参建单位落实建设工程质量终身责任制。二是推广联合竣工验收。杭州市等老旧小区住宅加装电梯项目完工并经特种设备检验机构监督检验合格后，由申请人组织设计、施工、监理单位和电梯安装单位对加装电梯项目进行竣工验收，邀请属地人防主管部门、街道办事处（镇人民政府）、社区居民委员会参加，竣工验收合格的，方可交付使用。三是应用建筑工程新技术提升改造质量。在老旧小区加装电梯工作中，上海市等地研究应用新材料、新技术、新方法推进加装电梯工作。因地制宜采取加装技术，科学合理运用贴墙式、廊桥式、贯穿式等多种加装电梯样式；对于不具备加装电梯条件的，通过在楼道中设置简易折叠方便椅、完善楼梯扶手和无障碍设施、增设楼道代步设备等多种方式解决上下

楼问题。在运营维护阶段，加强日常维护保养，落实质量保修责任，引入质量保险机制。

2.3.3 推进多元共治、共同缔造的美好住区更新

城市居住区更新，不仅仅是对物质空间的改造，更是汇聚各方社会力量，在共同愿景的引领下，开展互动合作，推动社会治理的过程。首先，搭建各方力量积极参与的合作平台，着眼构建物质空间改造与物业管理运营相结合的长效模式，将"硬件设施"与"软性服务"结合起来，共同缔造社区美好生活，凝聚社区共同意识，是老旧小区可持续更新的核心命题。北京市在这方面积极探索，初步形成了以民营企业参与、多方联动的"劲松模式"，无锡探索形成国有物业企业全覆盖参与的"惠

山经验"；而杭州市将老旧小区改造与社区文化与时代精神展示有机结合，保留珍贵的城市记忆。

第二，在本地社会力量推动下，开展"有温度"的微更新。各地积极引导高校等第三方专业力量与基层政府建立长期合作关系，形成"伴随成长"机制。例如，西安解放门街道以老旧街区为修复单元，与高校携手成立"挽起裤脚"城市研究站，循序渐进开展"微更新"，通过街景设计和公益改造，创造街区文化节点，改善棚户区微环境。

第三，越来越多的社会公益组织、社会企业深度参与社区更新改造后的活动策划与日常运维，进一步丰富城市更新内涵。如上海愚园路打造宜文、宜商、旅游相结合的跨界生活美学创意街区的过程中，CREATER 创邑作为城市更新运营服务商，不仅通过业态更新的方式，将时尚元素与创意设计理念应用于

专栏 2-6　老旧小区改造的"劲松模式"与"惠山经验"

劲松北社区老旧小区综合整治项目位于北京市朝阳区劲松街道。该社区始建于 1978 年，是改革开放初期首都著名的工人阶级"样板居住区"，共有居民楼 43 栋，总建筑面积 19.4 万平方米。2018 年以来，劲松街道搭建"区委办局、街道办事处、居委会、社会单位和居民代表"五方联动的工作平台，引入社会资本参与改造，通过物业管理服务使用者付费、政府补贴、存量空间盘活利用等多种渠道，劲松社区的改造实现一定期限内投资回报平衡，形成了社会力量参与老旧小区改造的创新机制。同时，在改造中既注重硬件设施提升，又注重美好生活社区营造，以平安社区、有序社区、宜居社区、敬老社区、家园社区和智慧社区六个维度，统领系统全面的更新改造。

无锡市惠山区推进老旧小区国有物业全覆盖进驻改造，并打造了"惠小乐"服务品牌，用行动和服务，改观小区面貌、改善房屋功能、改造基础设施、改优居住环境，与老旧小区的居民们一起开启美好生活新起点。无锡惠山区国控集团主动践行国企担当，在 2020 年完成区内 7 个小区国有物业入驻的基础上，2021 年又承接了区内 20 个老旧小区改造以及 3 个美丽街区建设，积极推动年内区内主要老旧小区国有物业全覆盖。借助国有物业企业的先进管理经验，构建党组织、社区居委会、业主委员会、国有物业公司"四位一体"的四级组织管理体系，对环境卫生、安全秩序、硬件设施和道路停车等普遍性老旧小区物业管理难题进行探索，以美丽小区、美好家园建设为导向，以提升居民获得感、满意度为目标，放大社区党组织和国有物业"1+1＞2"的效应，推动小区环境、小区平安长效治理，推动居民便利、居民安全长效治理。

劲松北小区改造后的公共空间
（图片来源：愿景明德集团）

国有物业进驻 287 个老旧小区，覆盖超 15 万户居民
（图片来源：中国新闻图片网）

专栏 2-7　社区改造 + 城市记忆，杭州下城区德胜东村小区改造经验

德胜东村始建于 20 世纪 90 年代，现有居民
3200 余户，常住人口 9000 余人，是一个大
型综合社区。在老旧小区综合提升改造过程中，
施工单位精心设计了一面"怀旧墙"，用一个
个复古的老物件、一幅幅熟悉的小场景，记录
时代缩影，反映社会进步。

文化墙只是德胜东村旧改的一小部分。如今，
小区 69 幢居民楼的墙面统一刷成淡黄色，楼
道也重新刷了遍，原先各家各样的保笼被拆除
了，统一安装上了整齐的"三件套"——雨篷、
晾衣杆、推拉式防盗窗。除此之外，小区里也
多了许多停车位，弱电工程也在进行中，以前
的"蜘蛛网"电线全都理得整整齐齐。一些原
先租赁出去的用房也改造为社区配套用房，今
后将成为老年食堂或者小区管家。

德胜东村以"从前慢"为主题的百米立体墙绘展现家庭生活场景变迁
（图片来源：中国新闻图片网）

专栏 2-8   上海长宁区"社趣更馨"与愚园路社区营造

上海市长宁区"社趣更馨营造中心"作为 CREATER 创邑旗下的社会非营利机构，坚持空间治理与社会治理相结合的城市治理目标，致力于推动各方力量协同参与。除了"Y+U 弄堂微更新"等城市空间微更新项目之外，"社趣更馨"牵头，联动政府，发起诸如"红色经典、百年风华"暨 2021 长宁区社工定向赛活动，不仅发动小学生做志愿者介绍红色历史，更发动商户提供丰富多彩的应景活动；联动商户，开展"商户福袋""一日壹店""Buy Local"等活动，以商户共同缔造的力量守护后疫情的愚园路等活动。

上海长宁区愚园路西端的油菜花田
（图片来源：中国新闻图片网）

上海长宁区愚园路的社区市集
（图片来源：中国新闻图片网）

街区面貌建设，并且通过常态化的活动策划，为街区活化利用持续赋能。

2.3.4　创新改造方式和融资模式

城镇老旧小区量大面广，仅依靠政府投资和兜底的模式难以为继，在治理效果和效率方面也存在诸多问题。为了加快推进老旧小区改造这一重要的"民生工程""发展工程"，全国各地一直在积极探索如何有效破解改造资金筹集难题，一些省市已经建立起政府补助引导、受益居民分担、社会资本参与的多元化可持续资金投入机制。

针对融资渠道狭窄、社会力量参与积极性不高等堵点问题，山东省创新提出老旧小区及小区外相关区域"4+N"改造方式和融资模式，多渠道筹资支持老旧小区改造。"4"即创新老旧小区四种改造方式和筹资

模式：一是大片区统筹平衡模式，把一个或多个老旧小区与相邻的旧城区、棚户区、旧厂区等项目捆绑统筹，生成老旧片区改造项目，实现自我平衡；二是跨片区组合平衡模式，将拟改造的老旧小区与其不相邻的城市建设或改造项目组合，以项目收益弥补老旧小区改造支出，实现资金平衡；三是小区内自求平衡模式，在有条件的老旧小区内新建、改扩建用于公共服务的经营性设施，以未来产生的收益平衡老旧小区改造支出；四是政府引导的多元化投入改造模式，充分发挥财政资金引导作用，通过投资补助、项目资本金注入、贷款贴息等方式，带动专营单位、小区居民、原产权单位等履行出资，撬动银行机构、基金公司、民间资本跟进投入，统筹政策资源，拓宽资金渠道。在此基础上，鼓励各地结合实际探索"N"种模式，引入企业参与老旧小区改造，吸引社会资本参与社区服务设施改造建设和运营等。

专栏 2-9　济宁市老旧小区改造"4+N"模式经验

济宁以"4+N"模式为引领，突破融资、创新模式，加快推进全市老旧小区改造步伐。"4+N"模式试点项目 5 个，涉及任城区、兖州区、邹城市 3 个区市，9114 户，建筑面积 73.3 万平方米，涵盖大片区统筹平衡模式、跨片区组合平衡模式、小区内自平衡模式等多种模式。与创造北京"劲松模式"的愿景集团和国开行进行战略合作，全方位、多角度探索实践"4+N"模式，加快推进省财政支持老旧小区改造项目。

济宁市已改造老旧小区现状
（图片来源：中国新闻图片网）

2.3.5　城中村多元协同与有机更新，提供可负担住房

在粤港澳大湾区，城中村矛盾普遍更突出，为解决这一问题，深圳探索形成"元芬路径"，一种"政府主导、社区协同、企业运营"的城中村管理模式。充分利用社区接驳地铁站，紧邻阳台山风景区，住户人口年轻化、高素质等特点，拓展商业购物、广告投放、家政服务等多元收入，跳脱出传统长租公寓收租金差的二房东模式，实现"环境提升但租金不涨"。

微棠新青年社区位于深圳市龙华区大浪街道元芬新村，目前运营公寓楼栋98栋，公寓套数达5000套，居住人口6000人。住户平均年龄25.2岁，86%拥有大专及以上学历，50%拥有本、硕学历，覆盖25个民族，涉及19个海外国家的游学经历，是一个年轻、活力、高素质、多元化的社区，住户满意度高达95%。微棠新青年社区依托于深圳"双区"建设大方向，以深圳市"引导城中村通过综合整治开展规模化租赁"为政策指导，深度参与城中村设计、改造，管理公寓、商业、公共空间等多种业态，提供物业、便民、增值等各类专业化服务，坚持以长效运营创造价值，打造真正意义上的新型青年租赁大社区。针对住户特点，微棠新青年社区创新一线城市社区管理模式，引导青年参与社区设计、企业参与运营，在解决居民安居的过程中，充分借助党员、志愿者、青年、本地村民、企业的力量和模式，给予每个人参与共建共治共享的机会，使群团服务从"被动供给"变为"主动响应"，顺应当前城市化进程和人口流动大势中青年人才"社群化、个性化"的新趋势，将青年精神文明建设融入社区基层治理。

图 2-2　深圳元芬新村改造为微棠新青年社区——公共空间改造
（图片来源：愿景明德集团）

图 2-3　深圳元芬新村改造为微棠新青年社区——租赁住房会客厅
（图片来源：愿景明德集团）

第三章

治理能力现代化的
城乡实践

提升空间治理能力

推进城市精细化治理

实施乡村建设行动

>> 3

治理能力现代化的城乡实践

　　近年来，中国政府将全面提升现代化治理能力作为促进城镇化可持续发展和高质量转型的重要任务和保障手段。在城乡实践领域重点开展了三个方面的工作。一是围绕国家空间规划体系建设，推进空间规划制度改革，加强规划对空间保护和开发的引导，促进城镇化空间格局优化和跨区域协调；二是以城市精细化治理为重点，将提升政府服务效能和促进社会参与并重，更好地满足居民生活需求，提升城市空间品质，增强城市应对疫情防控的能力；三是持续推进乡村振兴战略，在 2020 年全面完成脱贫攻坚任务的基础上，进一步提出促进城乡融合发展，实施乡村建设行动，积极缩小城乡发展差距。

3.1　提升空间治理能力

3.1.1　构建国土空间治理新体制

空间治理是国家治理体系的重要组成部分。通过健全统一的空间规划体系、引导空间资源的合理配置、强化安全韧性的空间保障、推进空间品质的高质量转型等，构建空间治理新体制。

"多规合一"是近年来中国健全空间治理的重点工作。通过改革规划管理机构，整合协调各类规划信息，构建统一的空间管制体系，重点解决各级各类空间规划不协调的矛盾，发挥空间规划的基础性作用。以定位准确、边界清晰、功能互补、统一衔接为原则，建立"五级三类"空间规划体系。"五级"对应国家、省、市、县和乡镇五个行政层级，分别侧重战略性（国家）、协调性（省）和实施性（市及以下）；"三类"对应强调综合性的总体规划、侧重实施性的详细规划和突出专题性的专项规划。在规划编制管理中，下位规划以上位为依据逐层开展，同时兼顾相近层级同步编制，有效推进规划纵向传导与横向协调。

引导空间资源合理有效配置是提升中国空间治理能力的重要途径。强化空间规划底线思维，以"三区三线"（"三区"即城镇、农业、生态空间；"三线"即城市开发边界、永久基本农田红线和生态保护红线）为规划管控核心，严格划定发展红线，确保生态与农业功能不降低、面积不减少。修订《土地管理法实施条例》，通过建立健全城乡统一的土地市场，盘活存量建设用地，破除要素流动的体制机制障碍，完善以

图 3-1　江西省抚州市金溪县左坊镇清江村
（图片来源：中国新闻图片网）

土地为核心空间资源要素的市场化配置方式。

积极应对灾害和新冠疫情带来的挑战，提升空间韧性。疫情期间，中国政府再次强调城市安全观和全生命周期治理的重要性。从规划源头完善城市治理顶层设计，统筹生产、生活、生态空间布局与安全的关系。将城市视作"生命体"，从长周期关注城市空间发展的综合绩效，增强全过程、动态适应的空间治理能力。各地疫情应对的经验表明，规划中的"空间留白""功能弹性""可开可闭"的社区生活圈是应对疫情危机的重要空间保障。

贯彻绿色发展理念和以人民为中心的发展思想，推进空间品质的高质量转型，为全球城市空间治理贡献中国智慧。在力争二氧化碳排放 2030 年前达到峰值、2060 年前实现碳中和的目标引导下，中国政府在空间规划中贯彻绿色发展理念，鼓励城市"留白增绿"，大力发展绿色建筑，同时倡导公众参与，鼓励社会力量参与城乡建设。在城市实践层面，开展"美丽城市"试点工作，以"人民城市人民建，人民城市为人民"的重要理念，探索内涵式、集约型、绿色化的高质量发展之路。在乡村实践层面，建立乡村建设评价体系，补齐乡村建设短板，通过促进农村人居环境整治、构建绿色产业体系、完善绿色发展政策体系，探索绿色与扶贫融合促进的可持续发展模式，为脱贫攻坚注入动能。

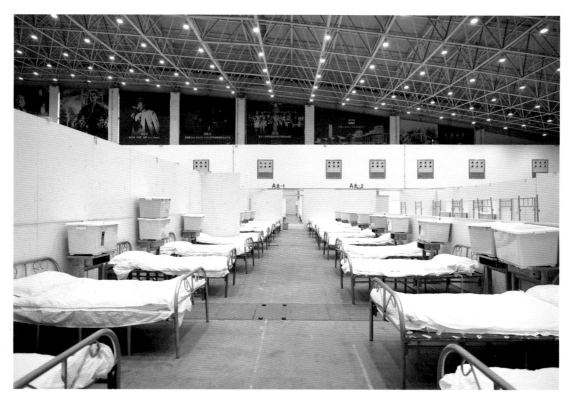

图 3-2　武汉"方舱医院"
（图片来源：中国新闻图片网）

专栏 3-1　《武汉市疫后重振规划（三年行动规划）》

《武汉市疫后重振规划（三年行动规划）》构建了"1+5+X"的规划框架，并衔接、支撑"十四五"经济社会发展规划总体空间布局。"1"是《疫情影响评估及疫后重振规划纲要》，重点解决疫后重振的目标、路径、策略和举措等重大问题，同时修正和指导城市长远发展规划。"5"是医疗卫生、应急防灾、完整社区、健康城市、经济重振方面的5个重要专项规划。"X"主要包括医疗卫生设施、环卫设施和应急保障、完整社区建设、健康城市空间品质提升、综合交通和应急物流、功能区和亮点片区建设等6个三年行动规划，以及人口密度和强度分区、健康城市等标准和指引。

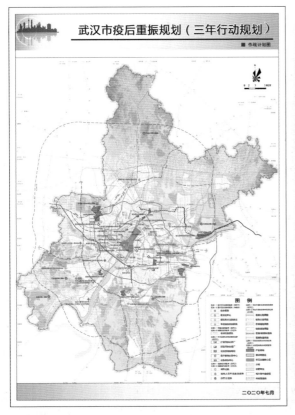

《武汉市疫后重振规划（三年行动规划）》
（图片来源：武汉市自然资源和规划局）

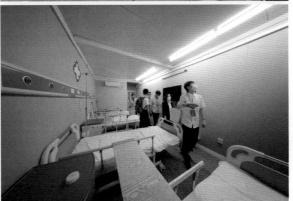

武汉东亭社区防疫（上）；火神山、雷神山医院病房（下）
（图片来源：中国新闻图片网）

图 3-3　上海杨浦滨江粉黛乱子草盛开
（图片来源：中国新闻图片网）

图 3-4　西部大开发论坛
（图片来源：中国新闻图片网）

3.1.2　优化国家城镇化空间格局

优化国家城镇化空间格局是提升空间治理能力的重要目标，包括促进国土空间均衡开发、加强国家生态空间保护、建立国家双循环空间格局、推动城乡空间协调发展等方面。

优化国家城镇化空间格局的首要任务是解决区域发展不平衡导致经济增长与人口分布失配、环境承载能力超限问题。为缩小地区间差距，促进国土空间可持续发展，中国自 2000 年起开始实施区域协调战略。西部大开发战略实施二十年来成效斐然，12 个省区市 GDP总量从 1999 年的 1.54 万亿元增长到 2019 年的 20.52万亿元。自 2003 年起实施东北老工业基地振兴战略，以渐进方式推进国企体制改革，健全法人治理结构，发展多种所有制经济，经济上止住了下滑趋势并逐步回升。

中国生态保护机制面临多头管理、权责不清、保护与发展矛盾突出等问题。为此，中国制定多项政策加强国家生态空间保护，2019 年起开始建立以国家公园

为主体的自然保护地体系。2020 年颁布《中华人民共和国长江保护法》，推动长江经济带"生态优先、绿色发展"，以山水林田湖草生命共同体理念，统筹协调水资源、水环境综合治理，同时促进长江经济带发展，发挥长江黄金水道对中西部地区的带动作用。

面对后疫情时代国内与国际发展环境出现的新变化，中国提出立足国内循环、国际国内相互促进的双循环战略。以空间为抓手推动国家双循环格局成为优化国家城镇空间格局的关键选择。"一带一路"是中国应对全球新形势的重要国际倡议，沿线涵盖 65 个国家和地区。该倡议从根本上改变了中国国土空间传统的沿海开放格局，强化了面向东南亚、南亚次大陆和中亚等地区的陆上开放方向，形成多扇面的全面开放格局。为全面推动开放，促进国家空间双循环，中国政府设立了一批自由贸易试验区，截至 2020 年 9 月，中国自贸区总数已扩容至 21 个，实现沿海省份全覆盖。

随着城镇化水平的不断提高，中国政府开始大力推进县域经济发展，实施乡村振兴战略，引导市场和

专栏 3-2　服务"一带一路"班列开通

近年来，中国与"一带一路"沿线国家和地区的商贸往来愈加频繁，现有铁路运力无法完全满足市场所需，面对增速更快的长三角地区货物出口需求，"义新欧"中欧班列开始探索国际公铁联运新模式。2021年7月16日，"中吉哈"公铁联运中欧班列在浙江省金华市首发，打开了一条全新的陆上丝绸之路出境通道。

"中吉哈"公铁联运中欧班列开通
（图片来源：中国新闻图片网）

专栏 3-3　海南自由贸易试验区

海南自由贸易试验区是中国第四批自由贸易试验区，成立于
2018 年 10 月 16 日，覆盖海南岛 33920 平方千米范围。
2018 年 4 月 3 日，习近平总书记在出席庆祝海南建省办经济
特区 30 周年大会上发表重要讲话时宣布，支持海南全岛建设
自由贸易试验区，要求海南以供给侧结构性改革为主线，建设
自由贸易试验区和中国特色自由贸易港。海南自贸区的建设旨
在推动形成全面开放的新格局，把海南打造成为中国面向太平
洋和印度洋的重要对外开放门户，陆海新通道国际航运枢纽和
航空枢纽。

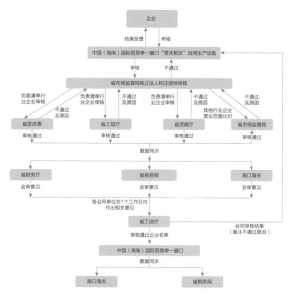

海南自贸港企业主体资格认定流程
（图片来源：中国海南省政府网）

海南（自贸区）海口江东新区总体规划
（图片来源：中国海南省政府网）

图 3-5　浙江德清民居
（图片来源：顾睿星 摄）

社会力量协调推动城乡空间统筹发展。在东部沿海地区，以优化乡村产业结构为重点，打造特色化县域乡村空间。以浙江省德清县为例，凭借得天独厚的山水风貌、人文资源和特产风物，政府引导社会力量和民间资本大力发展休闲旅游产业，推动了新时期乡村振兴，尤其是莫干山镇，走出了一条以民宿为特色业态的新路。在中西部地区，将专项扶持、城市反哺和挖潜乡村经济相结合，统筹城乡发展，探索乡村可持续发展新模式。以成都市锦江区三圣街道"五朵金花"统筹城乡示范项目为例，通过规划打造"花乡农居""幸福梅林""东篱菊园""荷塘月色""江家菜地"五个区域，打造休闲观光农业发展新模式，提升了地方旅游实力。

3.1.3　促进跨区域空间协调发展

跨区域空间协调发展是提升空间治理能力的关键。通过加强省级规划协调作用和城市群一体化发展，促进跨区域空间协调发展。

在新的国土空间规划体系中强调省级空间规划的协调作用，加强对省级行政区内部地级和县级之间跨区域协调的规划引导。省级国土空间规划以主体功能分区为基础，划分差异化发展政策单元，确定协调引导要求和管控导向。以浙江省为例，省级规划提出以海洋经济区、四个大都市区、生态功能区为基本架构的区域协调发展新格局。围绕发展海洋经济，推进海港、海湾、海岛"三海联动"，打造港口经济圈；在省域层面编制杭州、宁波、温州、金华—义乌四大都市区规划纲要，发挥都市区的核心带动作用；在生态治理方面，以钱塘江、瓯江等主要水系为轴带，协同发展以生态旅游为重点的生态经济。

在推进跨区域协调发展中，为破除跨行政边界造成的行政管理壁垒，发挥市场对资源配置的作用，中国大力加强城市群一体化发展策略。根据国家"十四五"规划，中国将全面形成"两横三纵"城镇化战略格局，优化提升京津冀、长三角、珠三角、成渝等城市群，发展壮大山东半岛、粤闽浙沿海、中原等城市群，培育发展哈长、辽中南、山西中部、黔中、滇中等城市群。以长三角城市群规划为例，该规划从空间格局、绿色发展等方面提出发展策略，旨在促进长三角区域一体化发展。

专栏 3-4   《长江三角洲城市群发展规划》

《长江三角洲城市群发展规划》构建了"一核五圈四带"的网络化空间格局，发挥上海龙头带动的核心作用和区域中心城市的辐射带动作用，推动周边都市圈的同城化发展，强化沿海发展带、沿江发展带、沪宁和杭甬发展带、沪杭金发展带的聚合发展。同时，该规划致力于打造长三角生态绿色一体化，统筹生态、生产、生活三大空间，打造"多中心、组团式、网络化、集约型"的空间格局，形成"两核、两轴、三组团"的功能布局。

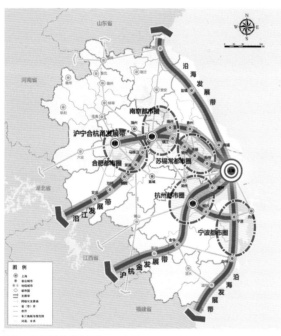

长江三角洲城市群空间格局示意图
（图片来源：《长江三角洲城市群发展规划》）

长江三角洲城市群生态屏障示意图
（图片来源：《长江三角洲城市群发展规划》）

3.1.4   优化城镇布局，提升空间发展质量

中国政府针对大城市、特大城市的发展制定了底线约束、集约发展的总体方针，提出"控总量、挖存量、提质量"的发展要求。同时，积极推进都市圈发展，倡导中心发展与周边城市结合，增强中心城市带动作用的同时，增强都市圈地区经济社会的整体承载能力。以上海都市圈规划为例，提出以上海为核心与苏州、杭州等周边城市形成多中心城市体系，同时推进基础设施一体化，打造现代综合运输体系。在此基础上，该规划进一步提出构建长三角区域创新共同体，推动云计算、大数据、物联网、人工智能等技术创新，优化产业布局，促进产业融合，打造全球经济发展高地。

图 3-6　杭州机器人小镇
（图片来源：中国新闻图片网）

图 3-7　东莞市中堂镇休闲水乡特色
（图片来源：中国新闻图片网）

大中小城市和小城镇协调发展问题同样受到关注。倡导推进以县城为重要载体的就近就地城镇化，提升县城、小城镇发展质量。支持县、镇补齐基础设施短板，在行政和经济功能上赋予经济发达县、镇更大的发展权。浙江省涌现了杭州西湖云栖、杭州萧山机器人、宁波膜幻动力、舟山远洋渔业等一批特色小镇。广东省的小城镇发展也走在全国前列。东莞市中堂镇凭借其区位优势，在交通上对接广深科技创新走廊和珠三角城际轨道网络，同时引入休闲体育产业，打造水乡休闲体育旅游岛，促进了东莞市国际制造名城和现代生态都市发展。

3.2　推进城市精细化治理

3.2.1　疫情防控与提升城市公共安全应急能力

中国在疫情防控期间表现出超强的社会动员能力，其中社区基层的防控力量尤为关键。政府建立了涵盖街道辖区、居民委员会和居住小区等多层级的防控网络和巡查队伍。在积极开展高效有力防疫工作的同时，基层政府也致力于提供更精细化、更人性化的服务。一是以社区邻里互助方式为特殊人群提供定制化服务，如上海开展的"老伙伴计划"、北京开展的"好街坊暖心团"等工作，解决孤老等特殊人群的困难与需求。二是政府充分做好民生保障工作。为保障防控期间居民日常生活，政府积极协调相关企业做好食品、生活用品等配送工作，最大程度满足居民基本需求。三是保障公民隐私，规范化信息披露。政府坚持最少和够用原则来公布确诊病例信息，平衡好公众安全与个体隐私。

中国企业全力支援抗击疫情。面对疫情防控阻击战带来的各类需求，很多中国企业第一时间，在医疗物资补充、生活物资供应、隔离病房扩建、应急资金

周转等诸多方面提供强有力的支援和保障。如京东利用自身完备的物流、成熟的供应链及动员上下游产能的能力，积极向市场输送各种防疫物资。为应对大规模的人员流动（或者称之为迁移），阿里巴巴、腾讯等互联网公司相继推出健康码功能，为有效防控疫情发挥了重要作用。

社区自治力量也在防疫过程中起到了重要的作用，其中社区基金会的参与颇具成效。以广州千禾社区基金会为例，他们以促进社会连接和相互理解、互相鼓励为目标，提出"社区互助防疫——千里马行动基金"小额资助计划的框架：①重点为社区中白血病儿童家庭、孤寡老人、心智障碍者、环卫工人、一线社区工作者等群体发放防疫物资；②通过互助激励社区居民成为参与者，鼓励受助人变为助人者，建立蛛网状的韧性社区。截至 2020 年，社区基金会共审批通过 19 个项目，覆盖与社区防疫、社区康复有关的多个议题。

信息化技术支持对于常态化防疫至关重要。首先国家层面，由相关部委会同支付宝、阿里云等头部互联网企业，共同编制发布《个人健康信息码》系列国家标准。截至 2020 年上半年，支付宝平台健康码亮码次数已超过百亿次。与此同时，各级政府，尤其是社区基层纷纷建立智能化疫情防控平台，将社区进出口监管、管理 APP、可视化大屏三者相结合，有效减轻一线工作人员的负担。

3.2.2　提升城市治理效能的数字化转型

数字化转型正在成为中国各个城市政府推动政务服务能力提升的重要抓手。通过云计算、大数据等数据技术以及专项服务平台，有效地将政务服务从"碎片化"转变为"一体化"，优化办事流程，提高"一站式办理"比重。据统计，2020 年浙江省市两级公共数据共享平

专栏 3-5 "为爱战疫，守护新生"公益行动为武汉地区 4000 名孕妈提供防疫包

中国儿童少年基金会与利洁时集团美赞臣携手共同发起"为爱战疫，守护新生"公益行动，美赞臣通过中国儿童少年基金会捐赠 500 万元款物，为武汉地区 4000 名孕妈提供防疫包，并且联合春雨医生，以及德清县卓明方舟减灾事业发展中心、陕西光合行动青少年教育与发展研究院，为湖北孕产妈妈提供从抗疫物资、营养保障、就诊指南，到联络临产医院及床位，再到线上问诊、心理干预和支持等综合性援助服务。

"为爱战疫，守护新生"公益行动
（图片来源：中国新闻图片网）

专栏 3-6 北京：推广社区服务站，实现无接触式购物

新冠肺炎疫情以来，为了方便民众购物、最大限度减少人群聚集，超市、电商平台与北京各区政府、街道办事处开始联合设立社区抗疫服务站，推出无接触购物模式。社区居民可通过手机 APP 网上选购下单，货品将直抵社区服务站，居民按订单到服务站自提，购物、结账、提货全程不接触。为了保证人群不聚集，还推出了分时段取货的措施。目前这种服务站已在石景山区、房山区的 15 个社区开始试运行，下一步将推广到全市 4000 个小区。

北京推广社区服务站，实现无接触式购物
（图片来源：中国新闻图片网）

台累计为该省 1500 余个政府单位提供 30.2 亿次数据调用，大大减少了办事过程中重复证明、繁琐证明等现象，大大提高了政府主动提供服务的能力。

以数字治理提升城市治理效能正成为各个城市的普遍共识，"城市大脑"运作日益成熟。一是各个城市运行中的"城市大脑"普遍具有更强的数据感知和汇集能力，基本形成城市生命体征实时感知系统。二是形成更为成熟的一体化联动的指挥调度能力，构建横向到边、纵向到底的一体化指挥调度平台。三是形成公共安全、应急管理、生态环境等多领域的运行监测和决策分析能力。

数字化共建成为行动导向。以"城市大脑"开发、更新迭代、运维为抓手，各级政府积极引导市场主体参与建设各类数字化公共平台，共建数字化场景，开发各类物联网设施，从而围绕城市数字治理形成了数字城市创新生态圈。以上海"一网统管"平台为例，先后有 50 多家企业参与建设，涵盖互联网企业、平台建设单位、场景建设单位、人工智能企业等多类型企业。

3.2.3　提升城市公共空间的品质与活力

积极践行"美丽中国"战略，提倡城市公共空间的共建共享共治。

一是积极推动市场主体参与共建。如成都提出"新发展理念的公园城市示范区"的同时，由成都市公园城市建设管理局发布"成都公园城市场景机遇图"，详细列举政府在服务实体经济、智慧城市建设、人力资源协同、现代供应链创新应用、乡村振兴、消费提档升级、公园城市、科技创新创业、绿色低碳城市等方面的共建清单，提供投资政策支持与产品服务支持，积极鼓励企业参与共建。

二是以重大节庆活动为平台，倡导社会组织、专业人才、市民等多元化主体共同参与城市公共空间的品质提升与活力激发。如上海充分利用上海空间艺术季推动公共空间更新与活力提升。

三是转变对商贩严苛的管理措施，亦或是过于宽松而缺乏基本治理的模式，逐步建立有序引导，精细化

专栏 3-7　杭州城市大脑数字驾驶舱

杭州城市大脑数字驾驶舱基于城市所产生的数据资源，实现数据即时、在线、准确，是城市管理者的日常工作平台。在治理机制上，城市管理者通过数字驾驶舱的数字指标发现问题（数字流程），根据实际情况进行业务主责部门的确定、业务边界的划分、业务工作的协同（业务流程），当问题处理完毕后，驾驶舱中数字指标恢复正常，完成一整套事件处理闭环。

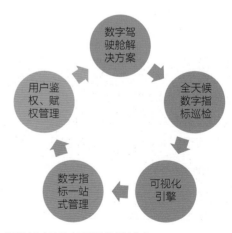

杭州城市大脑数字驾驶舱的关键技术
（图片来源：作者自绘）

专栏 3-8　上海空间艺术季：做一片城市里的"野生森林"

上海城市公共空间设计促进中心是提升城市公共空间品质的技术服务和促进机构。城市空间艺术季作为其旗下重要品牌，通过每年的特定主题，广泛集聚各方艺术家、设计师、市民，共同关注特定地区的更新与活力激发。如，在2019 年邀请艺术家浅井裕在杨浦滨江创作大型地绘作品《都市的野生》，并开设工作坊，邀请两三百人一起参加作品剪切，共同创作。

艺术家引导孩子们共同创作
（图片来源：上海城市公共空间设计促进中心）

艺术家的作品《都市的野生》
（图片来源：上海城市公共空间设计促进中心）

专栏 3-9　成都地摊的治理

成都政府提出"五允许一坚持"地摊经济管理工作原则。一是政府各个职能部门以积极引导服务商家为基本导向，优先引进解决生计的小商小贩、农民自产自销、便民鲜活产品等商户，并指导占道经营者安全用气、用电。二是鼓励商贩自治，通过建立商贩摊区择优拓展机制，引导市民和商家和谐共存。

成都春熙路丰富的夜市商业活动
（图片来源：郑宸 摄）

治理的模式。从居民的需求出发制定政策，"地摊经济"成为 2020 年度城市治理的重要关键词。厦门出台《厦门市流动摊贩整治行动方案》，按照"按需设置、方便群众、疏堵结合、规范设置、依法治理"的原则，在不影响市容、交通的前提下，在流动摊贩比较集中的地方或利用空余闲地划定可经营区域，引导合理的业态设置与经营时间，鼓励摊贩业主签订规范经营承诺书，促进摊贩自治。成都市相继出台疫情期间对地摊经济进行柔性管理的政策，据统计从 2020 年初疫情稳定到 2020 年 5 月，全市增加临时就业岗位 10 万个以上。

四是积极推动政府各部门间横向协同，强调以"便利与丰富市民生活"为核心提升公共空间品质。以"深圳福田中心区交通设施及空间环境综合提升工程"为例，该项目以充分激发街道活力，助力福田中心区由 CBD 中央商务区迈向 CAZ 中央活动区为目标，从城市、交通、景观、智慧多维度着手，对深圳福田中心区 5.3 平方千米范围内的道路和周边公共空间进行综合提升。其中包括：通过车速管控、提升慢行路权等手段，促进以人为本的街道交通空间重构；建构片区微公园网络；打造智慧出行体验等。

3.3　实施乡村建设行动

3.3.1　乡村建设行动与乡村治理

乡村治理能力现代化对于中国实现城乡可持续发展目标具有重要意义。近年来，中国政府通过持续推进乡村建设，逐步实现各个阶段性目标。至 2020 年，中国乡村地区完成脱贫攻坚和"十三五"时期部署的各项任务，为国际社会提供了减贫事业的实践样本，同时也迈入了推进乡村全面振兴的新时期。

2021 年 6 月 1 日起施行的《中华人民共和国乡村振兴促进法》立足于中国新的发展阶段，明确规定了乡村作为"多重功能的地域综合体"概念，突出了乡村的特有价值和功能，促进全社会对于乡村地区有更为全面的认知和理解，从而助力于城乡之间的物质要素和文化观念等方面的融合。该法还规定了国家与各级人民政府及其相关部门、村民自治组织以及社会各界在乡村振兴事业中应当履行的职责和应当发挥的作用，为促进乡村产业、人才、文化、生态、组织全面振兴以及促进城乡融合发展等提供了全局性、系统性的法律指引，为乡村振兴战略的全面实施提供保障。

图 3-8　国家乡村振兴局正式挂牌
（图片来源：中国新闻图片网）

2021 年发布的"十四五"规划中首次提出实施乡村建设行动，将其列为全面推进乡村振兴的重点任务，并置于国家现代化建设的突出位置。中央政府对实施乡村建设行动提出了更为具体的部署，涵盖了制定村庄规划、持续推进基础建设、促进城乡融合发展、优先保障资源和深化机制改革等。

乡村建设行动关注村庄规划政策制定的推进和优化，构建更具科学性、参与性和法治化特点的乡村建设决策机制，努力提升政策质量，同时督促各级决策能积极响应。虽然在治理水平上存在地区差异，但中央和地方各级政府已在完善村庄规划，提升城乡空间治理能力等方面达成了共识，由此为促进城乡可持续发展目标提供了政策保障。

乡村建设工作在应对疫情防控的同时坚持完成了脱贫攻坚的各项建设任务。新时期过渡阶段的乡村建设行动在物质保障方面基于实现消除绝对贫困的基础，保持了政策的延续性，加大对贫困地区的建设保障，巩固脱贫成果。同时，这一行动进一步聚焦减少城乡差距，推动公平和可持续的城乡区域发展：一方面持续提升乡村建设品质，全面推进改善乡村地区生产生活条件的各项行动；另一方面加快推进城乡融合发展，提供城乡一体化的基础设施和公共服务，促进城乡要素互动和协同增效。

3.3.2　加强村庄规划治理作用

作为实施乡村建设行动的首要任务，村庄规划受到中央和地方各级主管部门的极大关注。中国自然资源部结合近年来村庄规划工作推进中的问题，提出了更为切实的工作指南，并要求省级主管部门根据各地实际细化政策，市县级主管部门加强对村庄规划工作的指导。各省积极回应，先后制定了村庄规划编制指南，形成了村庄规划编制、审批和执行等流程和相应的成果规范，提升乡村空间治理决策水平，实现综合治理效能。至2021年6月，中国内地各省级主管部门均制定了相关指南，各地级和县级行政区依据指南陆续制定更具地方性的村庄规划，以促进村庄规划政策制定的质量提升。

在新的国土空间规划体系中，村庄规划的政策领域已从乡村建成环境扩展到全域空间要素统筹；村庄规划的政策制定强调立足于实际，充分尊重在地乡村社区意愿；村庄规划的政策过程须建立一整套程序规范，提升规划决策的公信力和执行力。各地的村庄规划编制指南除了关注政策合理性以外，加强了对政策共识性的引导。

村民参与在村庄规划治理过程中由原先的倡导转为更实际的政策行动。在各省指南中均提出了村民参与村庄规划的具体形式和要求，涉及编制过程中的意愿调查、方案公示、规划听证和决策以及成果公告等环节；同时强调了规划成果需要提供面向村民的易读版本，以利于村民理解、掌握和遵守村庄规划，并在实施过程中能充分发挥监督作用。

社会协作在各地区实践中得到了进一步的开展。地方政府结合已有经验，建立长效机制，为乡村地区引入专业人才、提升空间治理水平提供了制度保障。相关学术机构、高等院校与已具有乡村规划师制度实践的地方政府主管部门加强交流协作，共同倡议构建新时代中国乡村规划师制度。与此同时，部分地区依托高校积极开展国际协作交流，推动可持续发展目标下的村庄规划研究与实践，并形成行动建议向国际推广，提供中国方案。

图3-9　安徽省合肥市村庄规划推行编制简洁易读的村民手册样稿
（图片来源：合肥市自然资源和规划局）

专栏 3-10　湖南省组建覆盖全省的"村庄规划综合服务团"

湖南省自然资源主管部门于 2021 年 6 月全面启动组建覆盖全省的"村庄规划综合服务团"，由来自全省 57 家相关专业高校及技术单位共 520 余名志愿者组成。该项行动以县为单位配备一队志愿者开展驻点服务，负责村庄规划"全流程"服务引导的专业技术人员，将对村庄规划的编制和实施进行宣传发动、政策解读、指导建议、问题收集和及时反馈等，切实服务全面推进乡村振兴战略的实施。

志愿者开展驻村调研

志愿者支教讲授规划知识

志愿者开展基层管理专业培训
（图片来源：湖南自然资源厅、长沙市规划勘测设计研究院）

湖南省"村庄规划综合服务团"代表授旗仪式

专栏 3-11　乡村规划师制度的"成都共识"

2020 年 11 月，中国成都举办了"新时代全国乡村规划师制度高端对话"，全国相关学术机构、高等院校和地方政府主管部门等 14 个机构共同倡议发布构建新时代中国乡村规划师制度的"成都共识"：践行生态文明思想；明确职责定位；引导多元主体参与；建立岗位基本职责；建立健全管理机制；充分赋能授权；加强对话交流。这一共识将进一步引导村庄规划加强社会协作性，提升村庄规划管理的质量。

"新时代全国乡村规划师制度高端对话"发布"成都共识"
（图片来源：中国城市规划学会）

专栏 3-12　同济大学和联合国人居署在中国舟山定海区开展净零碳乡村规划建设实践

同济大学与联合国人居署团队于 2019 年共同完成了《净零碳乡村规划指南———以中国长三角地区为例》技术报告，中国舟山定海区新建村入选典型案例。地区政府自 2020 年以来积极寻求合作，邀请研究团队对该辖区的乡村碳排放情况进行调研，开展低碳乡村建设实践探索，由此形成了未来 10 年建设净零碳乡村的行动建议，由此推动净零碳乡村建设从示范案例走向实践推广。2021 年 5 月，地区政府与联合国人居署、同济大学正式签署合作协议，合力推进定海净零碳乡村实践，并共同发布了净零碳乡村规划导则。

马岙村的零碳坑塘净化系统　　　　　马岙村闲置民房改造的无包装商店
（图片来源：同济大学建筑与城市规划学院）

马岙村生态公园停车场（利用光伏顶棚发电和储能驱动池塘抽水冲厕、水体生态维持和跌水景观）
（图片来源：同济大学建筑与城市规划学院）

3.3.3　持续提升乡村宜居水平

提升乡村宜居性始终是乡村建设中的重要任务之一。实施乡村建设行动始终关注农村基础设施和公共服务建设、农民住房质量保障、农村人居环境改善等关键领域。至 2020 年底，中国农村基础设施建设在保持持续投入的基础上如期完成脱贫攻坚的保障任务。具备条件的乡镇和建制村全部通硬化路、通客车目标全面实现；贫困地区农网供电可靠率达到 99%，大电网覆盖范围内贫困村通动力电比例达到 100%；贫困村通光纤和 4G 比例均超过 98%。

进入新时期，中国政府进一步重视基础设施改善工程，并着力推进运营管护长效机制的建立。国家交通运输部持续推进"四好农村路"（建好、管好、护好、运营好）建设，提出至 2035 年形成规模结构合理、设施品质优良、治理规范有效、运输服务优质的农村公路交通运输体系。国家能源局制定的年度能源工作指导意见中提出要进一步改善乡村用能条件，实施农村电网巩固提升工程，补齐农村电网短板；加强对农村电网建设的监测评价，提高农村电力服务水平；因地制宜推进清洁能源在农村地区利用。

农村住房建设领域以保障和提升农村低收入人群住房质量为工作重点。2020 年 3 月，中央政府主管部门要求在做好疫情防控的基础上按时按标准完成农村危房改造任务收尾工作；同时进行普查核对，监督整改，推动建立长效机制以巩固脱贫成效等。至 2020 年底，共有 790 万农户、2568 万贫困农民的危房得到改造，累计建成集中安置区 3.5 万个、安置住房 266 万套，惠及 960 多万人搬入新乡村社区。2021 年 4 月，中央政府多个部门基于安全为本、因地制宜、农户主体和提升质

专栏 3-13　中国国家能源局开展光伏扶贫工程验收评估工作

自 2014 年至 2020 年，中国国家能源局、扶贫办将能源普及与扶贫工作结合起来，在全国范围内稳步推广实施光伏扶贫工程，通过贫困户安装分布式光伏发电系统、贫困地区因地制宜建设光伏电站开展光伏农业扶贫，使贫困人口能增加收入。主管部门于 2020 年开展相关验收评估工作，全国累计建设光伏扶贫电站规模 2636 万千瓦，惠及 415 万户家庭；2021 年着手开始配合指导地方做好光伏扶贫项目资产管理、运行维护、收益分配、补贴发放等相关工作。

江西东乡"渔光互补"光伏扶贫电站

宁夏固原"农光互补"光伏扶贫电站

四川凉山光伏扶贫电站工作人员检查太阳能板和查看电站运行情况
（图片来源：中国新闻图片网）

量的原则，以农村低收入群体等为重点对象，提出保障方式、任务和措施等；同时进一步推进各级地方政府围绕保障对象确认、资金补助标准、危房改造方式、日常维修管护等方面积极探索有效做法，注重逐步建立长效机制，在保持政策稳定性、延续性的基础上调整优化。

农村人居环境整治行动在近年来的持续推进中不断补齐短板，逐步提升。各级政府实施相关建设，总体改善了中国农村地区长期存在的人居环境问题，基本实现干净、整洁、有序的目标。截至 2020 年底，全国农村卫生厕所普及率超过 65%；农村生活垃圾收运处置

专栏 3-14　山东省聊城市推动农村公路网络向自然村延伸

山东省聊城市茌平区 2021 年财政投资约
3.2 亿元，计划实施农村公路建设工程
321 千米，大中修养护工程 140.1 千米，
涉及全区 14 个乡镇。这一行动旨在进一
步推动农村公路网络向自然村延伸，持续
加大通达深度，全面提升农村公路管理养
护水平和通行能力。

公路养护部门对村道集中罩面养护
（图片来源：中国新闻图片网）

专栏 3-15　四川省凉山彝族自治州贫困村农户住房保障和提升

四川省凉山彝族自治州普格县甲甲沟村属深度贫困村。自 2018 年由四川省烟草专卖局（公司）投入资金 1925 万元人民币，
协调推进村庄住房和人居环境建设项目，于 2020 年 7 月实现脱贫任务，从贫困户住房群落转变为美丽新村。

中国四川省凉山彝族自治州贫困村农户住房保障和提升
（图片来源：中国新闻图片网）

体系已覆盖全国 90% 以上的行政村；农村生活污水治理水平有新的提高；95% 以上的村庄开展了清洁行动，村容村貌得到明显改善。2021 年中国农业农村部启动实施农村人居环境整治提升五年行动。新一轮的行动在政策领域保持了延续性，在政策目标上着力于提升整治

工作的目标要求，并关注农村人居环境设施运行管护机制，制定一系列涉及农村厕所粪污无害化处理与资源化利用、农村生活垃圾收运和处理等方面的建设标准和指南，并提供示范案例，引导新时期乡村建设提升基础环境治理的品质。

专栏 3-16　河南省鹤壁市鹤山区推广草粉生态卫生旱厕入选全国典型模式案例

河南省鹤壁市鹤山区地方政府为解决山区以及缺水地区改厕难题，积极探索推广草粉生态卫生旱厕，并形成一套投资、建设、运维和回收再利用的长效机制。这一实践入选 2020 年农业农村部、卫生健康委、生态环境部联合评选发布的农村厕所粪污处理及资源化利用典型模式，并且是唯一以农户主导的示范案例。

逐村开展草粉生态厕所技术培训

现场指导农户改厕

农户回收再利用

农户改厕后验收

（图片来源：河南省鹤壁市鹤山区农业农村局）

3.3.4　加快推进城乡一体化建设

乡村建设行动除保障和提升乡村建设质量以外，同步加快推进城乡融合发展，减少城乡差距。通过优化城乡一体化建设机制，加快城乡物质资源、人才和信息等各种要素的互动连通，形成城乡互补的新发展格局。

新时期城乡基础设施一体化建设全面启动。在交通运输和供水等领域已先行推行城乡一体化建设的政策行动。中央主管部门在总结实践经验的基础上优化政策机制，扩大覆盖面，持续推进相关建设。地方政府积极响应，根据自身发展条件，加大实践探索的步伐。

2020 年，交通运输部对全国城乡交通运输一体化示范县的第一批创建工作开展验收评估工作，并在此基础上于 2021 年启动第二批示范创建工作；江苏省交通运输厅等七部门联合提出了深化交通运输与邮政快递融合，推进城乡货运物流服务一体化发展的实施方案，构建县、乡、村三级物流服务体系。水利部持续推进城乡供水一体化，始终鼓励引导有条件的地区积极开展地方实践；2020 年，江西省提出全面推行城乡供水一体化的政策指引，明确提出了县级行政区作为主体完成构建城乡供水一体化运作模式和工程体系，达成良性运行管理目标。

专栏 3-17　四川省实施乡村客运"金通工程"

2020 年 3 月，四川省启动实施乡村客运"金通工程"。该项工作基于城乡客运一体化建设导向对乡镇及建制村通客车的提质增效行动，以统一乡村客运标识、招呼站（牌）、车辆外观和从业人员标识为具体措施推进城乡一体的服务体系标准化建设；因地制宜采取以班线服务、公交服务为主，以预约响应服务兜底的乡村客运服务体系，成为"农产品进城、生产资料下乡"的新通道。至 2020 年底，该项行动已覆盖全省贫困县，目标是在"十四五"期间实现全省覆盖。

村民乘坐"金通工程"统一标识的"小黄车"
（图片来源：四川省交通运输厅、中国央视新闻网）

"金通工程"的快邮驿站

数字乡村是乡村振兴战略中的重要内容之一。这一战略致力于缩小城乡"数字鸿沟",实现城乡基本公共服务均等化、乡村治理体系和治理能力现代化,从而推动乡村全面振兴。2020 年中国加快推进数字乡村建设,制定《数字农业农村发展规划(2019—2025 年)》。各省积极响应,相继制定数字乡村发展政策,初步形成统筹协调、整体推进的工作格局。中央网信办会同农业农村部等七部门确定 117 个县(市、区)作为国家数字乡村试点地区,旨在通过试点地区在整体规划设计、制度机制创新、技术融合应用、发展环境营造等方面形成一批可复制、可推广的做法经验,为全面推进数字乡村发展奠定良好基础。

专栏 3-18　福建省龙岩市贫困村应用"互联网 +"村民入股发展乡村旅游脱贫增收

位于福建省龙岩市新罗区小池镇的培斜村原是一个省级贫困村。自 2017 年被授予"中国淘宝村"称号后成为福建淘宝第一村。近年来通过应用"互联网 +"促进一二三产业融合,推动工贸旅游和农村电商的发展,使培斜村由"输血型"贫困村转变为具有产业支撑的"造血型"示范村。2020 年,该村被评为第十批全国"一村一品"示范村。

游客进村游玩

村书记介绍本村纸制品产业

村民做工加工竹席

（图片来源：中国新闻图片网）

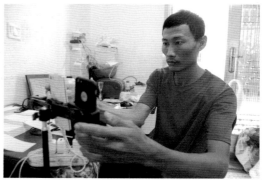

返乡青年在电商平台销售竹席

专栏 3-19　浙江省杭州市萧山区瓜沥镇推进镇村全域数字化治理

自 2020 年开始，杭州市萧山区瓜沥镇作为获得政府信息化管理创新类大奖的"城市大脑·萧山平台"先行试点镇街，积极探索建立"镇、村、户"三级管理架构的"沥家园"基层治理平台，以互联网为基础设施，利用"区块链＋网格化"手段，通过各类数字功能区块，以"小程序、积分制、任务单、实体店"等途径，实现基层治理各个环节在互联网的实时映射。瓜沥镇 75 个乡村社区已实现"沥家园"线上数字驾驶舱、掌上服务端和线下"沥 MALL"村社驿站的全覆盖，以户为单位入驻平台，实现全域数字化生活。

村社驿站"平安村社"数字工作室

村民在村社驿站实体店用积分兑换商品

村民公益抢单获取积分——爱心送餐
（图片来源：浙江省政府新闻门户网站、杭州市萧山区瓜沥镇政府）

村民公益抢单获取积分——参与环境卫生整治

第四章

城市基础设施
建设新进展

城市基础设施建设新进展

　　加强城市基础设施建设，是提高人民群众幸福感、获得感、安全感的重要举措。近年来，中国政府在城市基础设施建设领域持续加大投入、完善政策，通过强化规划引领、优化基础设施布局、提高基础设施建设标准、加强基础设施运维管理等措施，促进城市基础设施高质量发展，城市交通更加顺畅，供水、供气、供热保障程度不断提高，污水资源化、垃圾分类等工作成效显著，新型基础设施建设步入快车道，基础设施对城市经济和社会发展的支撑作用显著增强。"十四五"期间，中国将统筹推进传统基础设施和新型基础设施建设，打造系统完备、高效实用、智能绿色、安全可靠的现代化基础设施体系，这将为城市发展注入新的、持续的动力。

4.1　国家规划及相关政策

4.1.1　新型基础设施建设

2020 年 4 月，习近平总书记在浙江考察时强调，要抓住产业数字化、数字产业化赋予的机遇，加快 5G 网络、数据中心等新型基础设施建设，抓紧布局数字经济、生命健康、新材料等战略性新兴产业、未来产业，大力推进科技创新，着力壮大新增长点，形成发展新动能。

2021 年 3 月，《国民经济和社会发展第十四个五年规划和 2035 年远景目标纲要》提出，围绕强化数字转型、智能升级、融合创新支撑，布局建设信息基础设施、融合基础设施、创新基础设施等新型基础设施。建设高速泛在、天地一体、集成互联、安全高效的信息基础设施，增强数据感知、传输、存储和运算能力。积极稳妥发展工业互联网和车联网。打造全球覆盖、高效运行的通信、导航、遥感空间基础设施体系，建设商业航天发射场。加快交通、能源、市政等传统基础设施数字化改造，加强泛在感知、终端联网、智能调度体系建设。发挥市场主导作用，打通多元化投资渠道，构建新型基础设施标准体系。

（1）"新基建"的最新进展

新型基础设施（简称"新基建"）是以新发展理念为引领，以技术创新为驱动，以信息网络为基础，面向高质量发展需要，提供数字转型、智能升级、融合创新等服务的基础设施体系。新型基础设施建设主要包括三个方面内容：一是信息基础设施，主要是指基于新一代信息技术演化生成的基础设施，比如，以 5G、物联网、工业互联网、卫星互联网为代表的通信网络基础设施，以人工智能、云计算、区块链等为代表的新技术基础设施，以数据中心、智能计算中心为代表的算力基础设施

等。二是融合基础设施，主要是指深度应用互联网、大数据、人工智能等技术，支撑传统基础设施转型升级，进而形成的融合基础设施，比如，智能交通基础设施、智慧能源基础设施等。三是创新基础设施，主要是指支撑科学研究、技术开发、产品研制的具有公益属性的基础设施。比如，重大科技基础设施、科教基础设施、产业技术创新基础设施等。

党的十八大以来，我国新型基础设施建设取得了明显成效。从信息基础设施看，取得跨越式发展和进步，高速光纤已覆盖全国所有城市、乡镇以及 99% 以上的行政村，4G 网络用户超过 12 亿；从融合基础设施看，助推转型升级的作用日益凸显，智慧城市建设路径更加清晰，信息技术积极赋能城市精细化管理；从创新基础设施看，有力支撑了科学技术研究，国家发展改革委已布局建设 55 个国家重大科技基础设施，在科技创新和经济发展中发挥了引领作用。

（2）新型城市基础设施建设进展

住房和城乡建设部等部门积极推进基于信息化、数字化、智能化的新型城市基础设施建设（简称"新城建"），对接新型基础设施建设，引领城市转型升级，

图 4-1　雄安新区无人移动便利店车
（图片来源：中国新闻图片网）

推进城市现代化。2021 年 1 月 25 日，住房和城乡建设部召开推进新型城市基础设施建设工作视频会议，通报工作进展，交流经验做法，部署安排下一步工作。广州市、上海市、绍兴市、海宁市、武汉市、郑州市、重庆市分别就 CIM 基础平台建设、城市运行管理服务平台建设、智能化供水设施建设和改造、智能化燃气设施建设和改造、协同发展智慧城市与智能网联汽车、智慧社区建设、智能建造与建筑工业化协同发展等"新城建"重点任务作经验交流。

4.1.2　推进污水处理及资源化利用

为全面推进污水资源化利用，促进解决水资源短缺、水环境污染、水生态损害问题，推动高质量和可持续发展，国家发展改革委联合科学技术部、工业和信息化部、财政部、自然资源部、生态环境部、住房和城乡建设部等 10 部委联合印发了《关于推进污水资源化利用的指导意见》（以下简称《指导意见》）。《指导意见》明确提出，2025 年，全国污水收集效能显著提升，县城及城市污水处理能力基本满足当地经济社会发展需要，水环境敏感地区污水处理基本实现提标升级；全国地级及以上缺水城市再生水利用率达到 25% 以上，京津冀地区达到 35% 以上；工业用水重复利用、畜禽粪污和渔业养殖尾水资源化利用水平显著提升；污水资源化利用政策体系和市场机制基本建立。到 2035 年，形成系统、安全、环保、经济的污水资源化利用格局。

2021 年 6 月 6 日，国家发展改革委员会、住房和城乡建设部印发《"十四五"城镇污水处理及资源化利用发展规划》，提出到 2025 年，基本消除城市建成区生活污水直排口和收集处理设施空白区，全国城市生活污水集中收集率力争达到 70% 以上；城市和县城污水处理能力基本满足经济社会发展需要，县城污水处理率

达到 95% 以上；水环境敏感地区污水处理基本达到一级 A 排放标准；全国地级及以上缺水城市再生水利用率达到 25% 以上，京津冀地区达到 35% 以上，黄河流域中下游地级及以上缺水城市力争达到 30%；城市和县城污泥无害化、资源化利用水平进一步提升，城市污泥无害化处置率达到 90% 以上；长江经济带、黄河流域、京津冀地区建制镇污水收集处理能力、污泥无害化处置水平明显提升。

4.1.3　推进生活垃圾分类和处理

为统筹推进"十四五"城镇生活垃圾分类和处理设施建设工作，加快建立分类投放、分类收集、分类运输、分类处理的生活垃圾处理系统，国家发展和改革委员会、住房和城乡建设部组织编制了《"十四五"城镇生活垃圾分类和处理设施发展规划》（以下简称《规划》）。

《规划》针对当前城镇生活垃圾分类和处理设施存在的处理能力不足、区域发展不平衡、存量填埋设施环境风险隐患大、管理体制机制不健全等问题，提出到 2025 年底，全国城市生活垃圾资源化利用率达到 60% 左右；全国生活垃圾分类收运能力达到 70 万吨 / 天左右，基本满足地级及以上城市生活垃圾分类收集、分类转运、分类处理需求；鼓励有条件的县城推进生活垃圾分类和处理设施建设；全国城镇生活垃圾焚烧处理能力达到 80 万吨 / 天左右，城市生活垃圾焚烧处理能力占比 65% 左右，并从加快完善垃圾分类设施体系、全面推进生活垃圾焚烧设施建设、有序开展厨余垃圾处理设施建设、规范垃圾填埋处理设施建设、健全可回收物资源化利用设施、加强有害垃圾分类和处理、强化设施二次环境污染防治能力建设、开展生活垃圾关键技术研发攻关和试点示范、鼓励生

图 4-2　安徽省合肥市清溪净水厂（地下为污水处理厂，地上为公园）
（图片来源：中国新闻图片网）

活垃圾协同处置、完善生活垃圾全过程监测监管能力建设 10 个方面提出"十四五"期间全国城镇生活垃圾分类和处理设施发展主要任务。

4.1.4　加强地下市政基础设施建设

2020 年 12 月 30 日，住房和城乡建设部印发《关于加强城市地下市政基础设施建设的指导意见》，提出到 2023 年底前，基本完成设施普查，摸清底数，掌握存在的隐患风险点并限期消除，地级及以上城市建立和完善综合管理信息平台；到 2025 年底前，基本实现综合管理信息平台全覆盖，城市地下市政基础设施建设协调机制更加健全，城市地下市政基础设施建设效率明显提高，安全隐患及事故明显减少，城市安全韧性显著提升；并从开展普查、掌握设施实情，加强统筹、完善协调机制，补齐短板、提升安全韧性，压实责任、加强设施养护，完善保障措施等方面提出了具体要求。

4.1.5　构建国家综合立体交通网络

为加快建设交通强国，构建现代化高质量国家综合立体交通网，支撑现代化经济体系和社会主义现代化强国建设，中共中央、国务院编制印发了《国家综合立体交通网规划纲要》（以下简称《规划纲要》），规划期限为 2021 至 2035 年，远景展望到本世纪中叶。

《规划纲要》提出，到 2035 年，基本建成便捷顺畅、经济高效、绿色集约、智能先进、安全可靠的现代化高质量国家综合立体交通网，实现国际国内互联互通、全国主要城市立体畅达、县级节点有效覆盖，有力支撑"全国 123 出行交通圈"（都市区 1 小时通勤、城市群 2 小时通达、全国主要城市 3 小时覆盖）和"全球 123 快货物流圈"（国内 1 天送达、周边国家 2 天送达、全球主要城市 3 天送达）。交通基础设施质量、智能化与绿色化水平居世界前列。交通运输全面适应人民日益增长的美好生活需要，有力保障国家安全，支撑我国基本实现社会主义现代化。

图 4-3　兰州市七里河区马滩片区地下综合管廊控制中心
（图片来源：中国新闻图片网）

4.2　城市交通系统发展

4.2.1　区域交通

（1）全国高铁网规划与建设 [①]

2020 年，中国高铁营运里程 3.8 万千米，约占世界高铁总里程的 3/4，郑渝高铁郑襄段、成贵高铁、郑阜高铁、汉十高铁、日兰高铁日曲段等多条高铁新线陆续开通。规划到 2035 年，建成高铁（含部分城际铁路）7 万千米，形成由"八纵八横"高速铁路主通道为骨架、区域性高速铁路衔接的高速铁路网。京津冀、长三角、粤港澳大湾区、成渝地区双城经济圈等重点城市圈率先建成城际铁路网。

（2）全国高速公路网络规划与建设

2020 年，中国高速公路总里程 16.1 万千米，比上年增加 1.14 万千米。其中，国家高速公路里程 11.3 万千米，比上年增加 0.44 万千米。"十四五"时期，实施京沪、京港澳、长深、沪昆、连霍等国家高速公路拥挤路段扩容改造，加快建设国家高速公路主线并行线、联络线，推进北京—雄安高速公路建设，新改建高速公路里程 2.5 万千米。规划到 2035 年，建成国家高速公路网 16 万千米 [②]。

（3）全国机场规划与建设 [③]

2020 年，中国共有颁证民用航空机场 241 个（不含香港、澳门和台湾地区），比上年增加 3 个，其中定期航班通航机场 240 个，定期航班通航城市 237 个。年旅客吞吐量达到 1000 万人次以上的机场有 27 个。"十四五"

---

① 资料来源：2020 年交通运输行业发展统计公报，以及国家综合立体交通网规划纲要。
② 由 7 条首都放射线、11 条纵线、18 条横线及若干条地区环线、都市圈环线、城市绕城环线、联络线、并行线组成。
③ 资料来源：2020 年民航机场生产统计公报，以及 2021 年 3 月 15 日中国民航局新闻发布会。

图 4-4　成贵高铁正式全线开通运营
（图片来源：中国新闻图片网）

图 4-5　京雄城际铁路雄安站建设进行时
（图片来源：中国新闻图片网）

专栏 4-1　雄安区域交通系统建设

2019 年，雄安新区对外骨干路网规划建设取得实质性进展，真正实现由规划阶段转入建设阶段，津石高速公路、京雄高速公路、荣乌高速新线、京德高速公路一期工程和容易线、安大线、G230 普通干线公路陆续开工建设，雄安新区"四纵三横"高速公路网、网格化普通干线公路网以及 27 个重点建设项目全部纳入《河北雄安新区综合交通专项规划》。2020 年底，津石高速公路建成通车；2021 年 5 月，京雄高速公路河北段、荣乌高速新线、京德高速公路一期工程同期建成通车。2020 年 12 月，雄安高铁站建成，京雄城际铁路开通运营，从雄安新区 19 分钟可达大兴机场，50 分钟可达北京西站。京昆高铁忻雄段、京港台高铁雄商段已开工建设。

时期，将稳步扩大机场覆盖范围，进一步完善国家综合机场体系，支撑国家重大战略实施，到 2025 年全国运输机场新增 30 个以上，力争全国运输机场设计容量达到 20 亿人次，强化枢纽机场与轨道交通衔接，进一步促进机场辐射范围扩大和世界级机场群打造。

4.2.2　城市交通

（1）公共汽电车 [1]

2020 年，中国城市公共汽电车 70.44 万辆，运营线路 70643 条，营运线路长度 148.21 万千米，完成客运量 871.92 亿人。新能源车辆不断增加，占比由 2019 年的 59.1% 上升到 66.2%。为实现"碳达峰"目标，新能源公交车正逐渐取代传统燃油公交车，成为未来公共汽电车的主体。

（2）城市轨道交通 [2]

2020 年，中国 45 个城市建成运营了 244 条城市轨道交通线路，总里程 7969.7 千米,共有车站 4681 座，

图 4-6　安徽阜阳首批新能源公交车上岗
（图片来源：中国新闻图片网）

图 4-7　江苏南通轨道交通 1 号线首列车亮相
（图片来源：中国新闻图片网）

---

① 资料来源：2020 年交通运输行业发展统计公报。
② 数据来源：中国城市轨道交通协会《城市轨道交通 2020 年度统计和分析报告》。

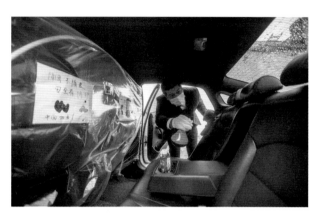

图 4-8　网约车司机保障乘客安全出行
（图片来源：中国新闻图片网）

图 4-9　我国公共充电桩数量居全球首位
（图片来源：中国新闻图片网）

完成客运量 175.9 亿人次。上海、广州、北京、深圳日均客运量位于中国前四位。同时，城市轨道交通在建规模依然巨大，57 个城市在建城市轨道交通线路条数 297 条，线路长度 6797.5 千米，车站 4298 座。

（3）网约出租车和巡游出租车[①]

2019 年，网约出租车客运量占出租车总客运量比重达到 37.1%。2019—2020 年，网约出租车总体规模保持增长态势，但增速趋缓。网约出租车的便捷性、舒适性得到用户的偏爱，网约出租车用户规模超过了 4 亿人。2020 年，巡游出租车共 139.40 万辆，比 2019 年增加 0.24 万辆，完成客运量 253.27 亿人。

（4）新能源汽车[②]

为实现绿色发展，中国在基础设施、安全管理、技术研发等方面出台了系列政策，加快推进新能源汽车发展。2020 年，新能源汽车销售量 136.7 万辆，同比增长 10.9%。其中，纯电动汽车销售量 100 万辆，

同比增长 16.1%，占新能源汽车销量的 73.2%。中国新能源汽车产销量已稳居世界第一，新能源汽车保有量已超过 500 万辆。为支持纯电动汽车发展，中国高度重视充电基础设施建设。2020 年，充电基础设施达 168.1 万台，同比增长 37.9%，车桩比约为 3：1。其中，公共充电基础设施 80.9 万台，北京、广东、上海、江苏等 TOP10 地区建设的公共充电基础设施占比达 72.3%。

4.2.3　智能交通

（1）智能汽车

2020 年，国家发展改革委员会出台《智能汽车创新发展战略》，加快推进智能网联汽车、自动驾驶汽车发展，计划到 2025 年实现有条件自动驾驶的智能汽车达到规模化生产，实现高度自动驾驶智能汽车在特定环境下市场化应用。中国共有 20 余个省区市出台了智能网联汽车测试管理规范或实施细则，北京、上海等 24 个城市建设了智能网联和自动驾驶汽车测试区，已在超过 2000 千米的公共道路上进行大规模测试。

[①]　数据来源：《中国共享出行发展报告（2019）》（共享出行蓝皮书）。

[②]　资料来源：中国汽车工业协会《2020 年汽车工业经济运行情况》、中国电动汽车充电基础设施促进联盟《2020 年 12 月全国电动汽车充电基础设施运行情况》。

图 4-10　广州南沙拟全域开放测试道路，促自动驾驶与"城市大脑"融合应用
（图片来源：中国新闻图片网）

（2）智慧基础设施

中国加快推动新型交通基础设施建设，面向车辆运行安全和车路协同组织需求，开展了智慧信号灯、智能道路感知设施、车路协同路侧设施等建设，北京、深圳等市和雄安新区建成了"多杆合一"的智能化集成设施，视频、雷达、5G 和 RFID 等技术广泛应用于车辆运行状态的感知和运行组织。道路设施数字化、网络化建设列入国家相关规划，开始探索道路设施网、能源网、车联网深度融合建设，为新能源汽车、智能汽车运行提供能源、信息支撑。高速公路电子不停车收费实现了全国联网，2019 年全国 ETC 用户总量超过 9000 万，高速公路 ETC 平均使用率达 70.84%。京雄高速公路、杭州绕城西复线、杭绍甬高速公路等开始建设基础设施数字化管理系统。

（3）智慧停车

中国主要城市已经建成了停车诱导、电子收费等智慧停车系统，路外停车场及停车库基本实现了网络化、无接触电子缴费，缴费方式包括微信、支付宝、银联以

图 4-11　江苏常州无人值守智慧停车位
（图片来源：中国新闻图片网）

专栏 4-2　杭州智能交通

杭州从 2016 年开始建设智能交通的"城市大脑"，通过挖掘城市数据应用，优化配置交通管理资源，推动城市交通管理智能升级。到 2018 年底，城市大脑发布了综合版（3.0），在交通方面已覆盖路口 1300 个，接入视频 4500 路，增加了设备和警情智能巡检功能、公共交通工具调度、人工智能公交线路、停车泊位全城共享功能。规划 2019—2021 年，在主城区全面推进城市数据大脑交通系统建设；2022 年，实现城市"数据大脑"交通治理的全域覆盖。

及有关企业自行研发的无感网络收费系统。北京实现了全市域路边停车智能监测和网络付费，随着 ETC 的普及，交通运输部开展了 ETC 智慧停车城市建设试点，加快拓展 ETC 服务功能，北京等 27 个城市作为试点城市、江苏省作为省级示范区，先期开展了 ETC 智慧停车试点工作。北京市已有 300 个停车场（共计停车位约 15 万个）实现了 ETC 缴费，覆盖全市 24 家医院、23 个枢纽场站、95 家商业综合体、66 个居住社区、20 个景区公园等[①]。郑州主城区已实现近 300 家停车场支持 ETC 停车缴费。立体化、智能化停车设备开始普及应用，占地小的自动车库已在部分城市建设使用。

4.3　城市水系统

4.3.1　建设情况

到 2019 年底，全国城市供水综合生产能力 30897.8 万立方米/天，年供水总量 628.3 亿立方米，用水人口 5.18 亿人。城市公共供水的服务范围不断扩大，公共供水的普及率持续提高至 97.17%。相比"十二五"末，全国城市水厂新增供水能力 1219.5 万

立方米/天，新建管网 21 万千米。

为提高城市供水应急救援能力，住房和城乡建设部在我国华北、华东、华中、华南、东北、西南、西北、新疆 8 个区域，依托当地供水公司等单位，建立国家供水应急救援中心，设置区域保养基地，各配备 1 套应急供水装备。2019 年 11 月 14 日，住房和城乡建设部向各承接单位授予国家供水应急救援中心区域基地牌匾。

截至 2019 年底，全国污水处理能力达到 178 亿立方米/天，年污水处理量 5258 亿立方米。城市排水管道建设明显提速，2019 年排水管道长度达到 74 万千米，比 2015 年提高了 38%。再生水处理能力达到 4428.9 万立方米/天，再生水利用量为 116.1 亿立方米。

截至 2019 年底，全国 679 个城市共有城市雨水管网 31.50 万千米，雨污合流制管网 10.38 万千米，相比"十二五"末，城市雨水管网新增 10.94 万千米，雨污合流制管网减少 0.40 万千米，在保障城市排水安全上发挥了重要作用。

2020 年 9 月，住房和城乡建设部制定了《房屋建筑和市政基础设施工程施工现场新冠肺炎疫情常态化防控工作指南》，要求各参建单位（含建设、施工、监理等）应结合项目实际，制定本项目疫情常态化防控工作方案，建立健全工作体系和机构，明确疫情防控责任部门和责任人，设置专职疫情防控岗位，完善疫情防控管理制度。

① 2020 年智慧停车行业研究报告。

专栏 4-3　恩施应急供水

2020 年 7 月 21 日，受连日强降雨影响，湖北恩施清江上游屯堡乡马者村沙子坝发生山体滑坡，大量泥沙注入水源地，致使城区供水受到影响。住房和城乡建设部高度重视，调度国家供水应急救援中心华中基地火速前往开展救援，并同时组建了专家团队派往现场。一方面进行净水设备运行调试、开展水质检测并根据检测结果和现场情况优化制水工艺，保障应急供水车持续稳定供水；另一方面，24 小时在现场跟踪供水抢修进展，从应急水源选择、净水技术工艺、水质监测、应急供水调度等多方面提供了大量有效建议和帮助。7 月 27 日，恩施城区逐步实现了分片区、分时段供水，形势持续向好。应急期间应急供水车共制水 1459.5 吨，为恩施居民供水 931.5 吨，水质监测车累计检测水质样品 204 个，所有应急供水车出水的水质检测结果均符合国家标准。

恩施应急供水
（图片来源：郝天 摄）

2021 年 3 月，住房和城乡建设部办公厅《关于做好 2021 年城市排水防涝工作的通知》（建办城函〔2021〕112 号），要求省级住房和城乡建设（水务）主管部门要指导督促城市排水主管部门按照当地新冠肺炎疫情防控要求，做好设施维护养护从业人员卫生健康防护。

4.3.2　黑臭水体治理成效

截至 2020 年底，全国地级及以上城市 2914 个黑臭水体消除比例达到 98.2%，全国省级及以上工业园区全部建成污水集中处理设施。长江流域、环渤海入海河流劣 V 类国控断面基本消除，长江干流首次全线达到 Ⅱ 类水体，实现了历史性突破，黄河干流全线达到 Ⅲ 类水的水质标准，相当一些河段达到了 Ⅱ 类水质。

4.3.3　排水防涝体系建设

2020 年 3 月、2021 年 3 月，住房和城乡建设部先后发布了《关于 2020 年全国城市排水防涝安全及重要易涝点整治责任人名单的通告》（建城函〔2020〕38 号）和《关于 2021 年全国城市排水防涝安全及重要易涝点整治责任人名单的通告》（建城函〔2021〕25 号）文件，建立城市重要易涝点整治责任制，落实责任到岗、到人。

2020 年 1 月印发《国家发展改革委办公厅 住房城乡建设部办公厅关于做好县城排水防涝设施建设有关工作的通知》（发改办投资〔2020〕17 号），部署县城排水防涝设施建设工作，要求做好项目储备，加快前期工作。

专栏 4-4　广州黑臭水体治理

广州市按照系统推进城市黑臭水体治理，目前全市城市建成区 147 条黑臭水体已全部消除黑臭。主要做法如下。

一是抓源头，强力整治污染源，实现源头减污减量。创新推动"洗楼、洗井、洗管、洗河"清源工作。推动全市 2 万余个排水单元内部排水设施的权属人、管理人、养护人、监管人"四人"到位，实现"排水用户全接管、污水管网全覆盖、排放污水全进厂"。

二是补短板，着力推进设施建设，提高污水收集处理效能。新建污水管网、新（扩）建城镇污水处理厂 31 座。加快推进污泥干化和焚烧设施建设，基本实现"出路畅通、安全可控"。

三是保生态，修复城市水生态环境，推动污涝协同治理。将污水处理厂尾水再生利用就近补入河流，促进水生态系统得到有效恢复。探索实践河流低水位运行，实现"清水绿岸、鱼翔浅底"。推进实施全市 443 条合流渠箱清污分流改造，让"污水入厂、清水入河"。

四是强机制，完善治水管水体制，构建"共建共治共享"新格局。组建排水公司，探索实践城市排水管网"片区化＋网格化"管理。落实河湖长制，治水考核结果作为领导干部综合考核评价重要依据。实施"开门治水"，引导广大人民群众参与黑臭水体整治。

广州猎德涌龙舟活动
（图片来源：中国新闻图片网）

专栏 4-5　武汉城市内涝综合治理

2016 年汛后，武汉市委市政府紧抓国家排涝治理试点机遇，以超强的决心、超强的魄力、超强的举措，全力以赴提高排水防涝能力。武汉市坚持"给雨水留出路、给雨水找出路、必要时给雨水让路"，系统推进城市内涝治理工作。一是统筹区域流域生态环境治理和城市建设，保护和修复自然生态系统，提升自然蓄水排水能力。二是统筹城市水资源利用和防灾减灾，推进海绵城市建设，完善联排联调机制，提升城市应对洪涝灾害能力。三是统筹城市防洪和排涝工作，加强城市防洪排涝设施的规划建设管理，提升城市排水防涝能力。2020 年，在长江水位、城市降雨量与 2016 年相当的情况下，武汉市城区没有发生大面积、长时间内涝积水问题。积水点从 2016 年的 162 个降低到 30 个，积水时间从 2016 年的最长 14 天减少到绝大多数积水点 1 小时内退水，城市正常运行和人民群众生产生活基本未受影响。

武汉东湖
（图片来源：中国新闻图片网）

4.4　城市能源系统

4.4.1　城市电力系统

2019 年全国发电量 75034.28 亿千瓦时，比 2018 年增长 4.7%，较 2010 年增长 78.3%，其中火电占比 69.6%，水电占比 17.4%，核电、风电与太阳能发电分别占比 4.6%、5.4% 和 3.0%。近十年来，电力结构不断调整，火力发电占比从 2010 年的 79.8% 降至 2019 年的 69.5%，可再生能源发电占比不断扩大。2018 年，国家能源局制定《清洁能源消纳三年行动计划（2018—2020 年）》，风电并网消纳工作取得明显成效，截至 2020 年，全国风电利用率已经达到 97%，光伏利用率达到 98%。截至 2020 年底，在运在建特高压工程线路长度达到 4.1 万千米，变电（换流）容量超过 4.4 亿千伏安（千瓦），累计送电超过 1.6 万亿千瓦时。

4.4.2　热力与燃气系统

2015 年至 2019 年，全国供热面积由 67.2 亿平方米增加到了 92.5 亿平方米，年均增长率为 8.35%，其中 2016 年至 2017 年的增长率最大，为 12.48%。在 2019 年中国集中供热面积中，住宅供热面积为 687765.26 万平方米，占供热面积的 74.3%；公共建筑供热面积为 195906.18 万平方米，占供热面积的 21.2%。分地区来看，2019 年山东省、辽宁省、河北省和黑龙江省的供热面积分别达到了 14.8 亿平方米、12.0 亿平方米、8.6 亿平方米和 7.8 亿平方米，占全国供热面积的 46.76%。湖北省和安徽省等中部南部省份，供热需求较少，供热面积仅在 2000 万平方米左右。

2019 年，全国城市燃气使用人口 5.1 亿，燃气普及率为 97.29%，比去年增加了 0.6 个百分点。人工燃气的总供气量 27.7 亿立方米，用气人口 675 万

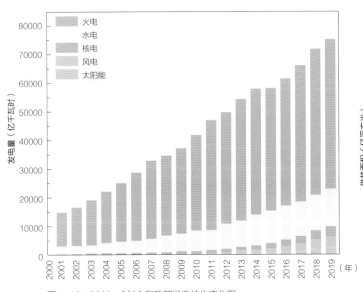

图 4-12　2001—2019 年我国发电结构变化图
（数据来源：国家统计局和国家能源局网站）

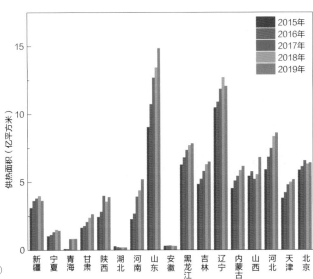

图 4-13　2015—2019 年各主要供热地区城市集中供热情况
（数据来源：中国城市建设统计年鉴）

专栏 4-6　河北推进供热设施改造

河北省各地优化调整城市热源和供热管网布局,加大建设和改造力度。2018 年,蔚县热电厂、唐山北郊电厂、遵化热电厂、邯郸东郊热电厂等一批热电联产机组投产运行,灵寿、赞皇、武邑等地新建一批大吨位燃煤供热锅炉,石家庄、邢台、邯郸、保定、张家口、唐山、鹿泉等地新建长距离输热管线引热入市,石家庄、唐山、保定、邢台、邯郸等市完成了城区供热管网互联互通工作,石家庄、保定等市供热管网"汽改水",全省设区城市供热主管网新建 220 千米、改造 136 千米,全面提升城市供热保障能力。针对 2017 年供暖效果差的住宅小区实施供热设施改造,维修更新二次管网,分户管线"串改并"。2018 年全省设区市主城区共改造 1037 个老旧小区、约 26 万户,改造二次管网 550 千米,逐步消除城市供暖薄弱区域。清洁取暖持续推进,配合大气污染治理工作,河北省在 2017—2018 年完成拆除 3423 台小型燃煤锅炉,现有的供暖燃煤锅炉全部按环保要求进行了提标改造,河北省城市清洁供暖水平全面提升。

人,分别比 2018 年下降了 7.07% 和 13.28%。天然气总供气量 1609 立方米,用气人口 3.9 亿人,分别较上年增加 11.40% 和 5.75%。2019 年中国城市燃气管道总长度达到 78.33 万千米,其中天然气管道长度 767946.33 千米,液化石油气管道长度 4451.5 千米,人工煤气管道长度 10914.97 千米。

图 4-14　浙江温岭燃气安全专项督查排查隐患
(图片来源:中国新闻图片网)

4.4.3　新能源

中国以壮大清洁能源产业为重点,着力加强行业管理,着力发挥市场机制作用,不断优化可再生能源产业发展布局,努力推动可再生能源高质量发展。截至 2020 年底,我国可再生能源发电装机达到 9.3 亿千瓦,其中:水电 3.7 亿千瓦、风电 2.8 亿千瓦、光伏发电 2.5 亿千瓦、生物质发电 2952 万千瓦。2020 年,全国可再生能源发电量达到 2.2 万亿千瓦时,占全社会用电量的 29.5%,较 2012 年增长 9.5 个百分点,有力支撑我国非化石能源占一次能源消费比重达 15.9% 的目标,如期实现 2020 年非化石能源消费占比达到 15% 的庄严承诺。现在全国发电装机的 40% 左右、发电量的 30% 左右是可再生能源,全部可再生能源装机居世界第一位。

中国积极帮助欠发达国家和地区推广应用先进绿色能源技术,为高质量共建绿色"一带一路"贡献了中国智慧和中国力量。

图 4-15　青海省海南藏族自治州塔拉滩光伏产业园区
（图片来源：中国新闻图片网）

4.5　城市环卫系统

4.5.1　垃圾处理设施能力

　　"十三五"期间，全国各地不断加大生活垃圾处理设施发展规划引导，积极开展生活垃圾处理设施建设，健全垃圾收运体系，城镇生活垃圾处理处置能力显著提升，处理处置结构明显优化，为推进城镇生活垃圾处理处置高质量发展奠定了基础。

　　"十三五"期间，全国新建垃圾无害化处理处置设施 500 余座，城镇生活垃圾设施处理能力超过 127 万吨 / 天，较 2015 年增加 51 万吨 / 天，新增处理能力完成了"十三五"规划目标，生活垃圾无害化处理率达到 99.2%，全国城市和县城生活垃圾基本实现无害化处理。

　　全国城镇生活垃圾焚烧比例明显增加，原生垃圾填埋占比显著降低。"十三五"期间，全国共建成生活垃圾焚烧厂 254 座，累计运行生活垃圾焚烧厂 500 余座，焚烧设施处理能力 58 万吨 / 天。全国城镇生活垃圾焚烧处理率约 45%，初步形成了新增处理能力以焚烧为主的垃圾处理发展格局。

　　为切实做好新型冠状病毒肺炎疫情防控工作，及时高效无害化处理处置肺炎疫情医疗废物，规范防止因"二次污染"而造成疫情传播，生态环境部及时印发了《新型冠状病毒感染的肺炎疫情医疗废物应急处置管理与技术指南（试行）》，从生活垃圾收集、暂存、转运、处置、统筹调度、人员防护等方面都作了具体的要求和指导。

专栏 4-7   上海首家有害垃圾智能化分拣中心投入运行

为做好有害垃圾分类处置工作，上海首家集规范收运、分拣预处理、智能仓储为一体的虎林有害垃圾分拣中心正式投入运营。虎林有害垃圾分拣中心建筑面积 600 平方米，项目总投资 1000 万，2021 年 2 月 7 日正式投入运营。目前，该中心主要收运 17 个有害垃圾收集点存放的垃圾，收运周期为 5 个工作日，日处理量为 3.85 吨。

虎林有害垃圾分拣中心主体分为智能分拣与智慧仓储两大功能车间，具备 8 个品类有害垃圾的收运、分拣和预处理能力。智能分拣车间具有废旧电池、废弃药品分拣，废油漆、废矿物油残液收集，废油漆桶压缩以及废杀虫剂、消毒剂罐泄压等功能。其中，废旧电池智能分拣线，通过物理筛选和视觉识别将废电池精细分拣为纽扣电池、普通电池、镍铬电池、锂电池等多个品类，以对应不同的末端处置要求，废旧电池分选有效率可达 90%。智能分拣车间的运行，减少了人与废旧电池的直接接触，为实现从传统手工分拣模式到自动分拣的转变迈出了关键一步；智慧仓储车间共设有三层仓储平台，可实现有害垃圾多品类智能出入库统计和在线盘点功能。分拣与仓储两大车间内均安装有新风过滤系统与污水收集系统，对废气、废水进行控制，确保环保达标。

图 4-16   河北一高校厨余垃圾处理站
（图片来源：中国新闻图片网）

4.5.2   垃圾分类

"十三五"期间，全国各地区积极推进生活垃圾分类，开展分类投放、分类收集、分类运输和分类处理设施建设，生活垃圾分类工作初见成效。46 个重点城市开展了生活垃圾分类先行先试和示范引导，居民小区覆盖率达到 86.6%，基本建成了生活垃圾分类投放、分类收集、分类运输、分类处理系统，探索形成了一批可复制、可推广的生活垃圾分类模式和经验。当前，全国生活垃圾分类收运能力约 50 万吨 / 天，餐厨垃圾处理试点工作稳步推进，厨余垃圾处理能力有较大提升。

2020 年 11 月 17 日，住房和城乡建设部等部门联合印发了《关于进一步推进生活垃圾分类工作的若干意见》，提出到 2020 年底，直辖市、省会城市、计划单列市和第一批生活垃圾分类示范城市力争实现生活垃圾分类投放、分类收集基本全覆盖，分类运输体系基本建成，分类处理能力明显增强；其他地级城市初步建立生活垃圾分类推进工作机制。力争再用 5 年左右时间，基本建立配套完善的生活垃圾分类法律法规制度体系；

地级及以上城市因地制宜基本建立生活垃圾分类投放、分类收集、分类运输、分类处理系统，居民普遍形成生活垃圾分类习惯；全国城市生活垃圾回收利用率达到35%以上。

2020年12月，住房和城乡建设部在广东省广州市召开了全国城市生活垃圾分类工作现场会，在总结各地生活垃圾分类工作经验的基础上，对生活垃圾分类工作作出新部署。

图 4-17　江苏连云港小学生实践馆里学"垃圾分类"
（图片来源：中国新闻图片网）

专栏 4-8　宁波市垃圾分类迎来"数治"时代

近年来，宁波市垃圾分类工作取得了显著成效，垃圾源头分类内生动力不断增强，分类收运处置体系持续完善，垃圾综合治理能力稳步提升。2020年，宁波市城镇生活垃圾分类实现全覆盖，生活垃圾资源化利用率86%，生活垃圾无害化处理率100%。

2021年，宁波市首批1500个全品类智能化投递箱将投用，届时居民可通过刷卡、刷脸、扫码等方式进行厨余垃圾、其他垃圾、可回收物、有害垃圾、大件垃圾、装修垃圾和园林垃圾的全品类分类投放，智能投递箱体将自动对投放的垃圾进行破袋、称重。同时，进一步完善分类管理信息系统，将采用人脸识别、AI图形识别等技术，精准判定每袋垃圾重量和质量，精准追溯到户（人），为垃圾分类执法和处罚提供更精准的依据。

>> 5

第五章

绿色发展与
生态环境保护

生态文明理念、政策与行动

大气环境质量控制

水环境质量控制

土壤环境质量整治

城市更新背景下的生态发展

绿色发展与生态环境保护

　　绿色发展与生态环境保护是改善城市发展方式、实现人与自然和谐共生的重要举措。将生态文明建设纳入国家总体战略布局以来，我国生态文明系统观逐步建立，通过不断推进"碳达峰、碳中和"，建设"美丽中国"，全方位落实生态文明建设。大气、水和土壤环境逐步改善，全国空气质量达标城市数量增多，地表水优良水质断面比例上升，水土流失面积不断减少。同时国家提出的实施城市更新行动中，以生态环境改善推动城市高质量发展是重要内容之一。全国各地积极推进生态修复，以生态空间改善推动城市发展方式变革和彰显城市发展特色，同时聚焦住区边角料空间、街头口袋公园、沿山滨河地区等微更新领域，塑造优良生态环境，满足居民需求。

5.1 生态文明理念、政策与行动

5.1.1 强化顶层设计：新时期生态文明系统观[①]

将生态文明建设纳入国家总体战略布局以来，在不断的探索和完善中，我国生态文明系统观逐步建立，为做好新时期生态环境保护工作提供了指引。

（1）生态价值观：坚持人与自然和谐共生

人与自然是生命共同体。坚持节约优先、保护优先、自然恢复为主的方针，像保护眼睛一样保护生态环境，像对待生命一样对待生态环境，让自然生态美景永驻人间，还自然以宁静、和谐、美丽。

（2）生态发展观：绿水青山就是金山银山

贯彻创新、协调、绿色、开放、共享的发展理念，加快形成节约资源和保护环境的空间格局、产业结构、生产方式、生活方式，给自然生态留下休养生息的时间和空间。

（3）生态民生观：良好生态环境是最普惠的民生福祉

环境就是民生，青山就是美丽，蓝天也是幸福。坚持生态惠民、生态利民、生态为民，重点解决损害群众健康的突出环境问题，不断满足人民日益增长的优美生态环境需要。

（4）生态整体观：山水林田湖草是生命共同体

生态是统一自然系统，是相互依存、紧密联系的有机链条。坚持山水林田湖草统筹兼顾、整体施策、多

专栏 5-1 2020 年以来国家层面有关生态文明理念的重要论述

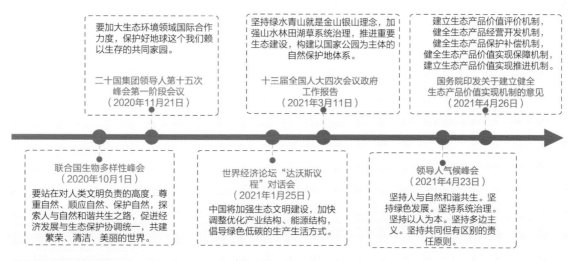

近期生态文明理念的重要论述
（资料来源：人民网 http://jhsjk.people.cn/article/30603656，作者自绘）

---

① 资料来源：新华社 http://www.gov.cn/xinwen/2018-05/19/con tent_5292116.htm。

措并举，全方位、全地域、全过程开展生态文明建设。

（5）生态法治观：用最严格制度最严密法治保护生态环境

保护生态环境必须依靠制度、依靠法治。加快制度创新，强化制度执行，让制度成为刚性的约束和不可触碰的高压线。

（6）生态共治观：共谋全球生态文明建设

生态文明建设关乎人类未来，建设绿色家园是人类的共同梦想。深度参与全球环境治理，形成世界环境保护和可持续发展的解决方案，引导应对气候变化国际合作。

5.1.2　明确重点行动：近期政策实施一览

（1）推进"碳达峰、碳中和"

2020 年 9 月，中国在第七十五届联合国大会一般性辩论上宣布我国力争到 2030 年前二氧化碳排放达到峰值，努力争取 2060 年前实现碳中和。目前，国家层面正在研究制定 2030 年前碳达峰行动方案和 2060 年碳中和方案，各省市也正研究制定针对性的碳达峰、碳中和实施方案。

我国31省（市、自治区）碳达峰目标任务　　　　　　　　　　　表5-1

序号	省（市、自治区）	碳达峰发展目标与任务
1	北京	2025年前碳排放达峰后稳中有降。到2025年，全市可再生能源消费比重达到14%左右，煤炭消费量控制在100万吨以内
2	上海	确保在2025年前实现碳排放达峰。到2025年，煤炭消费总量占一次能源消费比重下降到30%左右，本地可再生能源占全社会用电量比重提高到8%左右
3	天津	2025年前推动钢铁、电力等行业率先达峰。2025年单位地区生产总值能源消耗比2020年降低15%
4	重庆	2030年前实现二氧化碳排放达峰目标。开展低碳城市、低碳园区、低碳社区试点示范，建设一批零碳示范园区
5	云南	积极参与全国碳排放交易市场建设，科学谋划碳排放达峰和碳中和行动
6	贵州	制定贵州省2030年碳排放达峰行动方案。降低碳排放强度，推动能源、工业、建筑、交通等领域低碳化
7	广西	制定二氧化碳排放达峰行动方案。推进低碳城市、低碳社区、低碳园区、低碳企业等试点建设
8	江西	制定实施全省2030年前碳排放达峰行动计划。积极稳妥发展光伏、风电、生物质能等新能源，力争装机达到1900万千瓦以上
9	江苏	制定2030年前碳排放达峰行动计划，支持有条件的地方率先达峰。实施碳排放达峰先行区创建示范，建设一批"近零碳"园区和工厂
10	浙江	制定实施二氧化碳排放达峰行动方案，鼓励有条件的区域和行业率先达峰。到2025年清洁能源电力装机占比超过57%
11	安徽	制定实施全省2030年前碳排放达峰行动方案。实施近零能耗建筑示范、近零碳排放区示范等工程
12	河北	制定碳排放达峰实施意见、行动方案和配套政策。到2025年，风电、光伏发电装机容量分别达到4300万千瓦、5400万千瓦

续表

序号	省（市、自治区）	碳达峰发展目标与任务
13	内蒙古	坚持减缓与适应并重，开展碳排放达峰行动。到2025年，新能源成为电力装机增量的主体能源，新能源装机比重超过50%
14	青海	研究制定二氧化碳排放达峰行动方案，力争在全国率先实现二氧化碳排放达到峰值。发展光伏、风电、光热、地热等新能源，建成国家重要的新型能源产业基地
15	宁夏	积极应对气候变化，制定碳排放达峰行动方案。到2025年，可再生能源电力消纳比重达到30%以上
16	西藏	率先实现碳达峰和碳中和。2025年建成国家清洁可再生能源利用示范区
17	新疆	制定碳排放达峰行动方案。建设国家新能源基地，推进风光水储一体化清洁能源发电示范工程，开展智能光伏、风电制氢试点
18	山西	制定实施2030年前碳达峰、2060年前碳中和行动方案。到2025年，电力占终端能源消费比重达到40%
19	辽宁	制定碳排放达峰行动方案，率先探索碳排放峰值、碳中和试点。到2025年，非化石能源装机占比超过50%
20	吉林	降低碳排放强度，制定实施碳排放达峰行动方案。到2025年，全省非化石能源消费比重提高到12.5%、煤炭消费比重下降到62%
21	黑龙江	制定省级达峰行动方案。到2025年可再生能源装机达到3000万千瓦，占总装机比例50%以上
22	福建	编制实施碳排放达峰行动方案。发展核电、海上风电等清洁能源
23	山东	制定碳达峰行动方案，推动电力、钢铁、建材、有色、化工等重点行业制定达峰目标。到2025年，全省可再生能源发电装机规模达到8000万千瓦以上
24	河南	制定碳排放达峰行动方案，力争如期实现碳达峰、碳中和刚性目标。到2025年，可再生能源装机占比超过28%，煤炭占能源消费总量比重降低5个百分点左右
25	湖北	明确碳排放达峰时间表和路径图，支持有条件的地方提前达峰。新增新能源装机1000万千瓦以上，风电、光伏发电成为新增电力装机主体
26	湖南	落实国家碳排放达峰行动方案。推进近零碳示范区建设，积极创建国家气候投融资试点
27	广东	制定碳排放达峰行动方案，推进有条件的地区或行业碳排放率先达峰。到2025年，一次能源消费中，煤炭占比下降到31%，天然气、可再生能源以及核能占比分别达到14%、22%和7%
28	海南	制定实施碳排放达峰行动方案。至2025年，新增可再生能源发电装机约500万千瓦，清洁能源消费比重达50%左右
29	四川	有序推进2030年前碳排放达峰行动。科学有序开发水电，加快金沙江流域、雅砻江流域等水风光一体化基地建设
30	陕西	编制省级碳达峰行动方案。到2025年，可再生能源装机6500万千瓦
31	甘肃	制定实施国家2030年碳排放达峰行动方案。到2025年，全省风光电装机达到5000万千瓦以上，可再生能源装机占电源总装机比例接近65%

（资料来源：根据31省（市、自治区）公布的国民经济和社会发展第十四个五年规划和2035年远景目标纲要摘录而成）

专栏 5-2　我国碳排放权交易市场建设工作推进

我国碳排放权交易市场建设是从地方试点起步。2011 年 10 月在北京、天津、上海、重庆、广东、湖北、深圳 7 省市启动了碳排放交易地方试点工作，并于 2013 年陆续开始试点碳市场上线交易。2017 年末，《全国碳排放权交易市场建设方案》印发实施，要求建设全国统一的碳排放权交易市场。

2018 年以来，生态环境部推进全国碳市场建设各项工作。一是构建制度体系，先后出台了《碳排放权交易管理办法（试行）》和碳排放权登记、交易、结算等管理制度，推进《国务院碳排放权交易管理暂行条例》立法进程。二是制定配额分配实施方案，明确发电行业作为首个纳入全国碳市场的行业。三是开展数据质量管理，落实碳排放核算、核查、报告制度。四是完成系统建设和运行测试，建设重点排放单位温室气体排放信息管理系统。五是开展能力建设，持续开展了全国碳市场系统培训，培养温室气体核查、核算、管理等方面人才。

到 2021 年 6 月，7 个试点省市碳市场累计配额成交量 4.8 亿吨二氧化碳当量，成交额约 114 亿元。全国碳市场目前已进入第一个履约周期，纳入发电行业重点排放单位超过了 2000 家，测算纳入首批碳市场覆盖的这些企业碳排放量超过 40 亿吨二氧化碳。

（资料来源：国新办举行启动全国碳排放权交易市场上线交易国务院政策例行吹风会）

专栏 5-3　中国城市碳减排、碳达峰实践案例

1. 深圳：勇于创新，探索建设开放活跃的碳交易市场

完善法规，严格实施。深圳市率先形成了国内较为完整的碳交易法律法规体系。深圳市在碳交易启动之前，即以立法形式通过了《深圳经济特区碳排放管理若干规定》，成为国内首部确立的碳交易制度的法律，之后市政府又颁布了《深圳市碳排放权交易管理暂行办法》。

放宽参与主体，鼓励多方投资。深圳市碳交易所在设计市场时扩大了参与主体，对 636 家重点工业企业和 197 栋大型公共建筑开放，后来对境外投资者开放，这也是各试点省市中第一个为个人境外投资者开放的碳市场。

尝试碳市场金融化。从 2014 年起持续开展金融和碳相融合的创新实践，成为首个对境外投资者开放碳市场，成功发行国内首支碳债券，支持发起国内首只碳基金，推出碳配额质押、配额相关的结构性存款等产品。

2. 武汉：锐意进取，出台碳达峰行动计划

学习国际低碳理念引领发展。自 2012 年以来，武汉市启动了"武汉市中法碳值评估""中法生态武汉示范城"等多个合作项目，学习国际城市先进的低碳发展经验。积极参与或承办了"中美气候智慧型／低碳城市峰会""C40 城市可持续发展论坛""中欧低碳城市会议"等多个高端的国际合作平台。

深圳碳排放交易发展历程大事记

年份	主要事件
2011	入选全国首批7个碳交易试点城市，碳排放交易市场开始筹备
2012	8月28日，《深圳市人民代表大会常务委员会关于加强碳排放管理的决定（草案）》提交人大进行审议，是首个碳交易地方法律法规
2013	6月18日，深圳碳交易市场在全国率先启动
2014	3月19日起，《深圳市碳排放权交易管理暂行办法》开始施行；率先引入境外投资者
2015	开展碳交易区域合作
2017	全国碳交易建设启动

（资料来源：作者自绘）

"蓝天工程"为碳达峰行动提供经验。武汉从2013开始推出"蓝天工程"，即《改善空气质量行动计划（2013—2017年）》，投资280亿元。计划主要目标包括：2014年化工企业关停或搬迁出三环线，2015年城区公交车新能源和清洁能源车的比例达65%以上，2016年淘汰所有高排放车辆，2017年全面安装油烟净化装置等。

出台碳排放达峰行动计划。2017年12月正式印发了《武汉市碳排放达峰行动计划（2017—2022年）》，明确了2022年碳排放达峰的目标以及实现达峰目标的具体举措，要求市、区财政加大资金投入，对低碳发展的重大项目和科技、产业化示范项目采取引导、激励、奖励或者贴息贷款等方式给予支持。

3. 上海：街道设计导则，助力城市低碳交通

多方参与制定街道设计导则。导则由上海市规划和国土资源管理局、上海市交通委员会和上海市城市规划设计研究院联合中外多方设计团队编制完成。导则不仅仅面向规划师或设计师，而是让所有与街道相关的管理者、设计师、沿线业主与市民群体参与到讨论中，共同理解街道的概念、探讨基本设计要求，达成对街道的理解与共识。

从道路到街道的四个转变。从"主要重视机动车通行"向"全面关注人的交流和生活方式"转变，在设计中应用系统的方法对慢行交通、静态交通、机动交通和沿街活动进行统筹考虑。从目前的"道路红线管控"改变为"街道空间管控"，道路设计范围从红线内拓展到红线以外的沿街空间，对道路红线内外进行街道的整体塑造。从"工程性设计"改变到"整体空间环境设计"，突破既有的工程设计思维，增加了街道的人文特色设计。从"强调交通效能"向"促进街道与街区融合发展"的转变，传统道路评价的核心指标是交通效率，但街道更关注公共场所的功能。

4. 昆明：敢于突破，规划设计引领城市新区低碳发展

突破规范引入密路网设计。昆明呈贡新区的功能以行政、商业、金融、居住为主，适宜采用"小街区、密路网"的街道设计。

设计团队增加支路，支路间距从 400 米缩短至 100—200 米，路网密度提高了一倍。除此之外，新规划还在小街区密路网的基础上强调了土地利用模式的混合搭配，更好地达到低碳的目的。

化解与既定模式的冲突。首先，在土地出让时，由于地块面积较小，让很多习惯了大地块的投资者兴趣寥寥。面对如此情况，规划委员会坚守绿色低碳的规划原则，不断与利益各方沟通协商，最终达成将地块打包出让的协议，即在出让地块时必须有三个及三个以上地块一起打包出让，让开发商更有兴趣。其次，"小街区，密路网"带来了地下管网的建设维护权属和责任不明问题。为此，政府将地下空间使用权属交由企业，然后企业按照政府的规范要求进行地下管道等的建设。

确保规划实施。呈贡新区管委会对生态城区实施统一行政管理，除了常规的行政机构设置，呈贡新区还成立了专门的"呈贡低碳城市试点办公室"，统筹部门协调工作，并举办呈贡新区建设发展现场会，推进新区的整体开发建设。

（资料来源：中国城市低碳与达峰行动案例集 2018，城市碳达峰国际合作平台）

（2）建设"美丽中国"

《中华人民共和国国民经济和社会发展第十四个五年规划和 2035 年远景目标纲要》提出，"实施可持续发展战略，完善生态文明领域统筹协调机制，构建生态文明体系，推动经济社会发展全面绿色转型，建设美丽中国"。各地通过持续开展植树造林行动、系统推进美丽城乡建设等举措，不断推进"美丽中国"建设。

专栏 5-4　改善生态基底：中国植树造林行动

近几十年来，中国植树造林成效显著，人工造林面积长期居于世界首位。根据《全球生态环境遥感监测 2019 年度报告》，2000—2018 年，全球森林面积净减少 1700 万平方千米，而中国森林面积净增长率为 26.90%。其中"三北"防护林工程、"退耕还林"工程、"京津沙源治理"工程、"塞罕坝、库布齐沙漠绿化"等工程的实施以及国家级森林公园的生态保护成效显著，是中国森林面积增加的主要因素。

"三北"防护林工程为巩固和发展中国北疆绿色生态屏障，为建设美丽中国作出较大贡献。1979—2018 年，累计完成造林面积 3014.9 万公顷，区域森林覆盖率由 5.05% 提高到了 13.59%。例如，内蒙古全区森林面积由 1977 年的 2.34 亿亩增加到 2018 年的 3.73 亿亩，森林覆盖率由 13.21% 增加到 21.03%。

经过 50 多年的建设，河北省塞罕坝也从林木稀疏、风沙肆虐、高寒干旱的冷僻高岭变为占地 112 万亩的世界上面积最大的人工林场，筑成一道兼有阻沙、防风、涵水功能的"绿洲"。2017 年，塞罕坝林场建设者集体获得联合国环境领域最高荣誉地球卫士奖。

内蒙古三北防护林
（图片来源：中国新闻图片网）

塞罕坝人工林场
（图片来源：中国新闻图片网）

专栏 5-5　突出以人为本：美丽城乡建设实践

近年来，各省市围绕美丽宜居城市和美丽乡村建设，积极打造美丽中国的现实样板。

1. 美丽宜居城市建设

2019 年，江苏省被住房和城乡建设部定为美丽宜居城市建设试点省份。作为全国唯一一个试点省份，江苏围绕人民群众对更美好生活的向往，建设美好人居环境，重点任务包括优化住房系统、提高设施水平、彰显特色魅力、推进住区综合整治、推进街区整体塑造、推进小城镇多元特色发展等。

南京老旧小区增设停车场（上）、淮安老旧小区加装电梯（下）
（图片来源：中国新闻图片网）

2. 美丽乡村建设

近年来，浙江在乡村振兴等战略指引下，坚持生态优先、绿色发展，百姓的居住和生活环境发生翻天覆地的变化，涌现出方林村、丁前村、四岙湾村等一批特色美丽乡村。台州市四岙湾村通过流转荒山发展光伏产业，既为村集体带来了山地租金收入，又为村民提供了劳务就业，帮助农民增收。

四岙湾村利用荒山发展光伏产业
（图片来源：中国新闻图片网）

（3）全方位推动生态文明建设

2020年以来，国家聚焦重要流域及区域生态系统保护及修复、绿色低碳循环发展经济体系等，先后出台了一系列文件，全方位、系统性、有重点地推进生态文明建设。各省通过建立生态环境保护政策、完善区域生态空间格局等，强化高质量发展。

2020—2021年全国及部分省份推进生态文明行动梳理（不完全统计）　　　　表5-2

级别	部门或地区	名称	时间
国家	全国人民代表大会常务委员会	中华人民共和国长江保护法	2021年3月
	国务院	黄河流域生态保护和高质量发展规划纲要	2020年8月
	国务院	国务院关于加快建立健全绿色低碳循环发展经济体系的指导意见	2021年2月
	中共中央办公厅、国务院办公厅	关于构建现代环境治理体系的指导意见	2020年3月
	中共中央办公厅、国务院办公厅	关于全面推行林长制的意见	2020年11月
部委	国家发展和改革委员会	美丽中国建设评估指标体系及实施方案	2020年2月
	国家发展和改革委员会、自然资源部	全国重要生态系统保护和修复重大工程总体规划（2021—2035年）	2020年4月
	农业农村部	关于进一步明确畜禽粪污还田利用要求强化养殖污染监管的通知	2020年6月
	生态环境部	长江三角洲区域生态环境共同保护规划	2020年7月
	住房和城乡建设部	绿色社区创建行动方案	2020年8月
	自然资源部、国家林业和草原局	红树林保护修复专项行动计划（2020—2025年）	2020年8月
	自然资源部、财政部、生态环境部	山水林田湖草生态保护修复工程指南（试行）	2020年9月
	生态环境部	碳排放权交易管理办法	2021年1月
省级	江苏省	关于深入推进美丽江苏建设的意见	2020年8月
	广东省	广东万里碧道总体规划（2020—2035年）	2020年9月
	吉林省	吉林省生态环境保护条例	2020年11月
	江西省	关于构建现代环境治理体系的若干措施	2021年1月
	西藏自治区	西藏自治区国家生态文明高地建设条例	2021年1月
	贵州省	贵州省赤水河等流域生态保护补偿办法	2021年1月
	云南省	云南省生态环境保护督察实施办法	2021年1月

（资料来源：国家各部门及各省政府门户网站）

专栏 5-6　联动保护：黄河、长江流域生态治理工程

近年来，黄河、长江等流域生态保护和高质量发展上升为国家战略，加强重要流域生态保护和治理，是推进生态文明建设的重要举措。

1. 黄河流域生态保护

黄河流域沿线河南、陕西、甘肃等省份积极推动黄河生态保护和治理，实现高质量发展。

河南省从完善黄河流域防洪体系、推进黄河滩区居民迁建和沿黄生态廊道建设等方面系统实施黄河生态保护行动。至 2020 年底，累计加固堤防 208 千米，复垦土地 8400 亩，完成 120 千米沿黄复合型生态廊道建设，新增造林面积 7 万余亩。

2020 年，陕西省出台了《陕西省黄河流域生态空间治理十大行动》，坚持"宜林则林、宜灌则灌、宜草则草"，持续实施退耕还林还草、三北防护林、天然林保护、京津风沙源治理、湿地保护恢复等生态空间治理工程。

2020 年，甘肃省编制了《甘肃省黄河流域生态保护和高质量发展规划》，从实施水源涵养、水土流失治理、防洪能力建设、污染治理、绿色生态产业培育、黄河文化传承等方面，全力推进黄河生态保护。

2. 长江流域生态保护

2020 年 1 月 1 日起，长江流域全面禁捕正式实施，长江流域生态保护进入了新的阶段。长江流域 11 省市把修复长江生态环境作为压倒性任务，着力加强生态保护修复。

2016—2020 年间，贵州省实施乌江、赤水河流域生态保护修复工程，落实长江流域重点水域十年禁渔，深入推进国土绿化，完成营造林 360 万亩、石漠化治理 600 平方千米。

河南三门峡黄河湿地
（图片来源：中国新闻图片网）

陕西黄河湿地大荔自然保护区
（图片来源：中国新闻图片网）

甘肃黄河兰州段
（图片来源：中国新闻图片网）

四川省印发《四川省重要湿地认定办法》等，持续推进实施水土保持生态建设、天然草原退牧还草工程、生物多样性保护调查评估、湿地保护等工作，着力构筑自然生态屏障。

湖南省制定了《湖南省长江岸线生态保护和绿色发展总体方案》，提出实施生态修复保护、水环境污染治理、港口布局优化、防洪能力提升、最美岸线建设五大保护举措和绿色发展的"5+1"总体方案。

贵州赤水河生态修复
（图片来源：中国新闻图片网）

四川宜宾市长江公园
（图片来源：中国新闻图片网）

湖南省永州市双牌县日月湖湿地公园
（图片来源：中国新闻图片网）

专栏 5-7   协同优化：区域生态安全格局打造

区域生态空间格局优化是实现生态安全的重要基础，京津冀、长三角、珠三角等重点区域通过构建区域生态安全格局，保障生态功能的充分发挥。

1. 京津冀生态屏障与支撑区建设

京津冀协同发展战略已实施 7 年。针对京津冀地区生态资源紧缺等问题，天津在中心城区与滨海新区之间，规划建设了 736 平方千米的绿色生态屏障区，这一面积是天津中心城区的两倍。

河北省通过实施山体修复、节水综合治理、绿色发展攻坚、高标准农田建设、湖泊湿地保护、海岸海域整治修复等工程，打造京津冀生态涵养保护支撑区。

张家口市废弃矿山修复
（图片来源：中国新闻图片网）

邯郸市万亩麦海
（图片来源：中国新闻图片网）

2. 长三角生态绿色一体化发展示范区建设

长三角生态绿色一体化发展示范区（以下简称"示范区"）位于沪苏浙两省一市交界区域，面积约 2300 平方千米。水是示范区最重要的生态底色，示范区内河湖水面率达 20.3%，面积在 50 公顷以上的湖荡有 76 个，"七湖一河"串联起一条 33 平方千米的"蓝色珠链"。

2020 年，示范区《重点跨界水体联保专项方案》出台，在 47 个重点跨界水体上探索区域联动、分工协作、协同推进的一体化生态保护新路径，周边居民饮用水水源地水质达标率保持 100%。下一步，示范区将继续实施活水畅流、控源减排、外排内蓄等工程，营造更丰富的水空间。同时将推进农田综合整治，做好耕地和永久基本农田保护工作，建设更多样的林地空间等，打造"蓝绿交融"的生态空间。

江苏省海安县高新区组织部分河长坐艇进行月度巡河
（图片来源：中国新闻图片网）

3. 广东省万里碧道建设

广东省从 2019 年开始，启动以大湾区为重点的万里碧道建设。万里碧道是以水为纽带，以江河湖库及河口岸边带为载体，统筹生态、安全、文化、景观和休闲功能建立的复合型廊道。通过系统思维共建共治共享，优化廊道的生态、生活、生产空间格局，形成安全行洪通道、自然生态廊道、文化休闲漫道和生态活力滨水经济带。

至 2020 年底，广东省已完成 400 多千米碧道建设，计划到 2022 年建成 5200 千米碧道，珠三角地区率先初步建成骨干碧道网络。到 2025 年，将建成 7800 千米碧道，全省重点河段骨干碧道网络基本成形；到 2030 年，建成 1.6 万千米碧道，形成覆盖全省的碧道网络；到 2035 年，人水和谐的生态文明建设成果在广东全面呈现，实现"水清岸绿、鱼翔浅底、水草丰美、白鹭成群"的美好愿景。

深圳市大沙河碧道
（图片来源：中国新闻图片网）

燕罗湿地公园
（图片来源：中国新闻图片网）

5.2　大气环境质量控制

5.2.1　大气环境总体状况

根据《2020 年中国生态环境状况公报》，2020 年全国 337 个地级及以上城市中，202 个城市环境空气质量达标，比 2019 年上升 13.3 个百分点。337 个城市平均优良天数比例为 87.0%，比 2019 年上升 5.0 个百分点。

以 PM2.5、O_3、PM10 为首要污染物的超标天数分别占总超标天数的 51.0%、37.1%、11.7%。与 2019 年相比，PM2.5、O_3、PM10、SO_2、NO_2 和 CO 六项污染物浓度均下降；SO_2 和 CO 超标天数比例持平，其他四项污染物超标天数比例均下降。

5.2.2　雾霾分布、成因与治理

2020 年全国共出现 7 次大范围霾天气过程，与 2019 年持平，平均霾日数为 24.2 天，较 2019 年减少 1.5 天。2020 年 7 月，推进《大气重污染成因与治理攻关项目》等研究课题，在成因机理、影响评估、预测预报、决策支撑、精准治理方面实现了一批关键技术的突破，逐步厘清区域秋冬季大气重污染的成因。

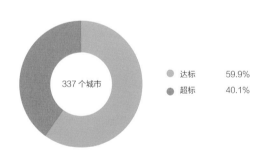

图 5-1　2020 年 337 个城市环境空气质量达标情况
（数据来源：2020 年中国生态环境状况公报）

图 5-3　2020 年 337 个城市六项污染物浓度年际比较
（数据来源：2020 年中国生态环境状况公报）

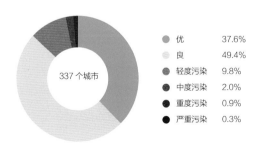

图 5-2　2020 年 337 个城市环境空气质量各级别天数比例
（数据来源：2020 年中国生态环境状况公报）

图 5-4　2020 年 337 个城市六项污染物超标天数比例年际比较
（数据来源：2020 年中国生态环境状况公报）

专栏 5-8　雾霾成因分析

远超环境承载力的污染排放强度是京津冀及周边地区大气重污染形成的主因，京津冀及周边地区偏重的产业结构、以煤为主的能源结构、以公路为主的交通结构，导致单位国土面积煤炭消费量是全国平均水平的 4 倍。不利气象条件造成污染快速累积是京津冀及周边地区大气重污染形成的诱因，京津冀及周边地区位于太行山东侧"背风坡"和燕山南侧的半封闭地形中，削弱了该地区秋冬季盛行西北季风的作用，同时受中层暖盖的影响，"弱风区"特征明显，污染物扩散条件较差。大气氧化驱动的二次转化是京津冀大气污染积累过程中爆发式增长的动力，PM2.5 二次转化微观机理十分复杂，硝酸盐、硫酸盐、铵盐和二次有机物等组分快速生成助推了 PM2.5 爆发式增长。

（资料来源：国新网）

2016—2020 年间，各地各部门加快重点行业深度治理、推进能源结构调整优化、推进运输结构调整优化、开展秋冬季大气污染综合治理等，全面完成了"蓝天保卫战"各项治理任务，超额实现总体目标和量化指标。

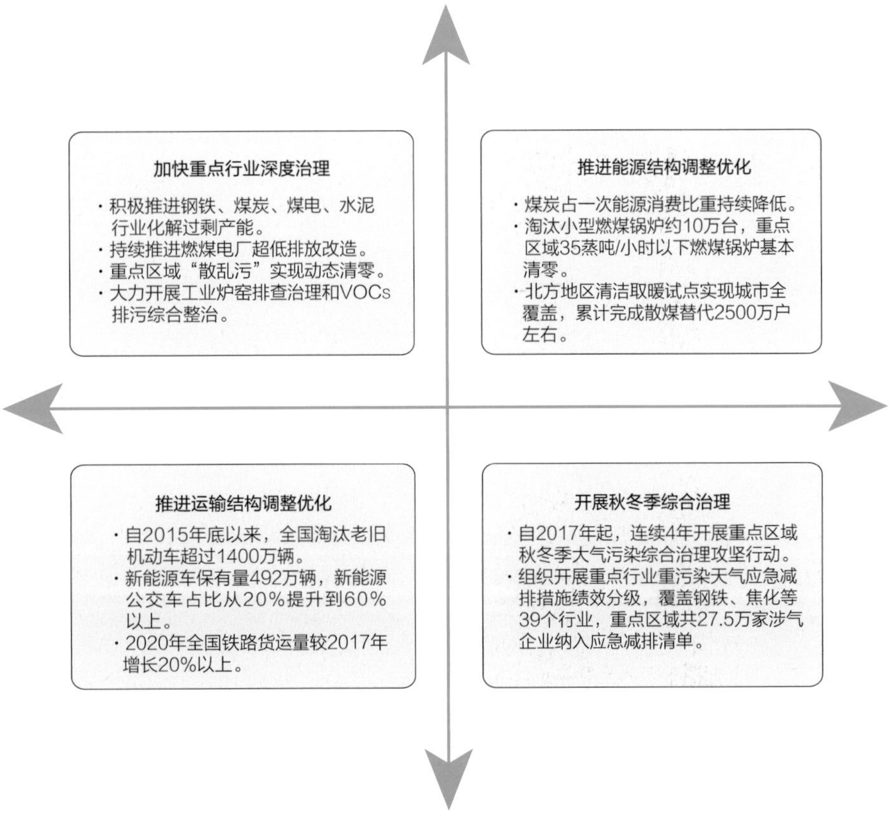

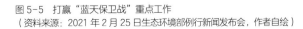

加快重点行业深度治理
- 积极推进钢铁、煤炭、煤电、水泥行业化解过剩产能。
- 持续推进燃煤电厂超低排放改造。
- 重点区域"散乱污"实现动态清零。
- 大力开展工业炉窑排查治理和 VOCs 排污综合整治。

推进能源结构调整优化
- 煤炭占一次能源消费比重持续降低。
- 淘汰小型燃煤锅炉约 10 万台，重点区域 35 蒸吨/小时以下燃煤锅炉基本清零。
- 北方地区清洁取暖试点实现城市全覆盖，累计完成散煤替代 2500 万户左右。

推进运输结构调整优化
- 自 2015 年底以来，全国淘汰老旧机动车超过 1400 万辆。
- 新能源车保有量 492 万辆，新能源公交车占比从 20% 提升到 60% 以上。
- 2020 年全国铁路货运量较 2017 年增长 20% 以上。

开展秋冬季综合治理
- 自 2017 年起，连续 4 年开展重点区域秋冬季大气污染综合治理攻坚行动。
- 组织开展重点行业重污染天气应急减排措施绩效分级，覆盖钢铁、焦化等 39 个行业，重点区域共 27.5 万家涉气企业纳入应急减排清单。

图 5-5　打赢"蓝天保卫战"重点工作
（资料来源：2021 年 2 月 25 日生态环境部例行新闻发布会，作者自绘）

专栏 5-9　突出重点、联防联控：辽宁大气环境持续改善

辽宁突出重污染天气应对，围绕21个重污染区域，统筹实施压煤、治企、控车、降尘、防秸秆，实施燃煤锅炉大气特别排放限值，协同控制二氧化硫、氮氧化物、烟粉尘等大气污染物排放。以治理"散煤"和"散乱污"企业为重点，加强燃煤和工业污染治理，推进城市建成区和城乡结合部散煤替代，全面完成"散乱污"企业整治。针对钢铁、火电、燃煤锅炉、挥发性有机物、镁砂工业窑炉等重点行业企业，加快治污设施提标改造，确保达标排放。同时将沈阳经济区、锦州、葫芦岛等区域作为联防联控重点地区，以秋冬和初春为重点时段，切实做好大气重污染天气应对。

辽宁沈阳浑河两岸良好大气环境
（图片来源：中国新闻图片网）

5.3　水环境质量控制

5.3.1　水环境质量总体状况

根据《2020 年中国生态环境状况公报》，2020 年全国地表水 I—III 类水质断面（点位）比例 83.4%，比 2019 年上升 8.5 个百分点；劣 V 类比例 0.6%，比 2019 年下降 2.8 个百分点。

2020 年长江、黄河、珠江、松花江、淮河、海河、辽河七大流域和浙闽片河流、西北诸河、西南诸河监测的水质断面中，I—III 类水质断面占 87.4%，比 2019

年上升 8.3 个百分点；劣 V 类比例 0.2%，比 2019 年下降 2.8 个百分点。

5.3.2　重大水污染事件与污染控制处理

2020 年 1 月，生态环境部、水利部联合印发《关于建立跨省流域上下游突发水污染事件联防联控机制的指导意见》，以有效预防和应对跨省流域突发水污染事件、妥善处理纠纷、防范重大生态环境风险为目标，推动跨省流域上下游加强协作，建立突发水污染事件联防联控机制。

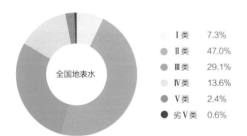

	I 类	7.3%
	II 类	47.0%
全国地表水	III 类	29.1%
	IV 类	13.6%
	V 类	2.4%
	劣 V 类	0.6%

图 5-6　2020 年全国地表水总体水质状况
（数据来源：2020 年中国生态环境状况公报）

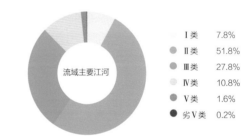

	I 类	7.8%
	II 类	51.8%
流域主要江河	III 类	27.8%
	IV 类	10.8%
	V 类	1.6%
	劣 V 类	0.2%

图 5-7　2020 年全国流域总体水质状况
（数据来源：2020 年中国生态环境状况公报）

专栏 5-10　应急响应、多方合作：黑龙江省伊春尾矿库泄漏应急治理

2020 年 3 月 28 日，伊春鹿鸣矿业有限公司钼矿尾矿库 4 号溢流井发生倾斜，泄漏伴有尾砂的污水约 253 万立方米，产生了我国近 20 年来尾矿泄漏量最大、应急处置难度最大、后期生态环境治理修复任务异常艰巨的突发环境事件。

泄漏事件发生后，生态环境部迅速启动突发环境事件应急响应，黑龙江省及时启动环境应急二级响应机制，成立黑龙江省突发环境事件应急指挥部。调集省内外各方力量，全面开展应急处置工作，及时封堵漏点，切断污染源，确保尾矿库安全。经过 14 天的现场紧急处置，4 月 11 日 3 时，超标污水流至呼兰河下游、距离松花江约 70 千米处时已经全面达标，松花江水环境质量未受影响。

（资料来源：生态环境部）

5.4　土壤环境质量整治

5.4.1　土壤环境质量总体状况

根据《2020 年中国生态环境状况公报》，2020年全国农用地土壤环境状况总体稳定，影响农用地土壤环境质量的主要污染物是重金属。根据《2019 年中国水土保持公报》，全国共有水土流失面积 271.08 万平方千米，与 2018 年相比，全国水土流失面积减少了 2.61万平方千米，减幅 0.95%。

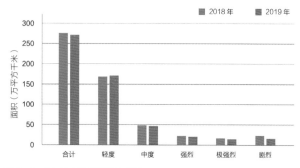

图 5-8　全国水土流失面积变化图
（数据来源：2019 年中国水土保持公报）

5.4.2　重大土壤污染事件与污染控制处理

2021 年 1 月，生态环境部与相关部门联合印发了《建设用地土壤污染责任人认定暂行办法》和《农用地土壤污染责任人认定暂行办法》，为在土壤污染责任人不明确或者存在争议的情况下，开展责任人认定提供依据，进一步落实污染担责。

5.4.3　土壤治理

2021 年全国生态环境保护工作会议报告指出，2020 年净土保卫战稳步推进，目前我国受污染耕地安全利用率达到 90% 左右，污染地块安全利用率达到93% 以上；"无废城市"建设试点形成一批可复制可推广的示范模式；危险废物专项排查整治行动共排查4.7 万家企业和 200 余个化工园区；基本完成长江经济带重点尾矿库污染治理。

专栏 5-11　宁夏腾格里沙漠污染控制及处理

2014 年 9 月，《新京报》报道了腾格里沙漠污染事件，使腾格里沙漠成为舆论焦点。时隔五年，媒体再次报道宁夏回族自治区中卫市"腾格里沙漠边缘再现大面积污染物"。2019 年 11 月 13 日，生态环境部决定对中卫市环境污染问题公开挂牌督办。初步核查，污染物是 1998 年至 2004 年期间，宁夏美利纸业集团环保节能有限公司倾倒的造纸黑液。现场已发现 12 万平方米区域范围内分布有 14 处点状、块状污染地块。2020 年 1 月，美利林区污染物已全部转运至中卫工业园区工业固废填埋场接受规范处置。后续将制定科学合理的土壤、地下水风险管控措施或修复方案并组织实施，确保整改彻底到位。

（资料来源：搜狐网）

专栏 5-12　多元发展、拓展资金渠道：徐州市打造工矿废弃地生态修复新模式

徐州市以资源枯竭型城市工矿废弃地生态修复为切入点，坚持因地制宜、标本兼治，着力恢复区域生态调节功能，经过多年的探索和实践，形成了"生态修复＋土地复垦利用""生态修复＋园林景观建设""生态修复＋建设用地改造"等多元化的工矿废弃地生态修复发展模式。

为保障资金来源，大力拓展多层次、多元化、互补型融资渠道，增强修复区自身经济造血机能。制定积极政策，鼓励银行信贷资金参与生态修复工程建设，为废弃地生态修复提供长期资金支持；积极吸引社会资本，在生态修复工程建设中，采取EPC、PPP 等融资手段，通过制定相关激励政策来引导社会资本以及私人投资。通过工矿废弃地生态修复，有效增加了建成区的绿地供应，城市建成区绿化覆盖率上升到 43.81%，市区人均公园绿地面积达到 15.7m²。徐州市先后获评国家环保模范城市、国家森林城市、国家生态园林城市等称号，成功摘得"联合国人居奖"殊荣。

江苏徐州：煤矿塌陷区变身湿地公园
（图片来源：中国新闻图片网）

5.5　城市更新背景下的生态发展

《中共中央关于制定国民经济和社会发展第十四个五年规划和二〇三五年远景目标的建议》明确提出实施城市更新行动，旨在通过实施城市更新行动，推进城市生态修复、功能完善工程，统筹城市规划、建设、管理，合理确定城市规模、人口密度、空间结构，促进大中小城市和小城镇协调发展。

5.5.1　生态空间改善推动城市发展转型

为解决快速城镇化进程中面临的城市生态空间被侵占、生态系统自我修复能力遭受破坏等问题，各地城市积极推进生态修复，改善生态空间品质，助推城市转型发展。

专栏 5-13　助力城市发展方式变革：成都"公园城市"建设

成都市推进公园城市的建设，旨在从底层逻辑与系统实践上深刻贯彻以人民为中心的发展思想。在公园城市建设中变革市民生活方式。充分结合公园和绿道，营造休闲娱乐、体育健身、都市农业体验、锦江夜游等游憩场景，全面推广绿色出行、简约生活，让市民静下心来、慢下脚步，亲近自然、享受生活。在公园城市建设中创新社会治理方式。统筹政府、社会、市民

成都东林艺术村
（图片来源：中国新闻图片网）

三大主体，充分发挥基层党组织核心作用，搭建法治、友善、公益的合作共治平台，推动城市发展、社区治理、民主参与，形成共建共享新型社区发展共同体，实现城市治理体系和治理能力现代化。在公园城市建设中变革经济组织方式。统筹改革、科技、文化三大动力，大力发展新经济、培育新动能，加快构建产业生态圈，构建形成产业生态化和生态产业化经济体系。

截至 2020 年 5 月，成都建成各级绿道 3689 千米，新增绿地面积 3885 万平方米，全市森林覆盖率达 39.93%，新开工"8类 18 项"公服设施项目 2199 个，整治提升背街小巷 2059 条，打造特色精品街区 121 个、公园小区 70 个，实现公园形态与社区生活有机融合、基层治理能力和宜居生活品质同步提升。

成都锦城公园
（图片来源：中国新闻图片网）

专栏 5-14 彰显城市发展特色：厦门国土空间生态修复

2019 年 12 月，厦门市印发了《厦门市国土空间生态修复三年行动计划（2020—2022）》，提出生态修复是建设高质量发展厦门的关键路径，明确近期修复重点，包括山体生态屏障、生态廊道、海洋生态屏障、海上花园城市等。厦门市制定了包括青山计划、蓝湾计划、绿水计划、碧廊计划四类共 34 个生态修复项目，预估总投资约 63.5 亿元。青山计划主要开展"三区两线"裸露山体修复工作及本岛、岛外重要景观界面山体林相改造工作。"蓝湾计划"立足厦门海湾型城市特点，以彰显滨海特色为目标。"绿水计划"包括溪流湖泊修复及污水处理提质增效两大部分内容。"碧廊计划"通过建设绿道、公园不断完善优化生态廊道系统，发挥廊道生态效益。

厦门五缘湾生态修复
（图片来源：中国新闻图片网）

专栏 5-15 整体统筹、品质提升：太原城市生态修复

在城市生态修复过程中，太原始终坚持治山、治水、治气、治城一体推进。坚持全域治山，持续开展国土绿化；坚持系统治水，建成区污水实现全收集全处理；坚持强力治气，"治污、控煤、管车、降尘"多管齐下；坚持综合治城，一批老旧小区提质改造，一批公园游园建成开放。

多主体参与城市生态修复。以王家山森林公园为例，依托小程序开展等植树、认养、捐资尽责等八种植树活动，冬季也可通过管护等形式"植树"，已实现义务植树的全年化。市民在微信中通过该小程序即可参加相应活动，还可获得相应证书，践行全民动手、全民共建的生态修复新理念。

整体统筹、系统实施。以南沙河综合治理为例，市委和市政府加强统筹协调，拿出 20.9 亿元专项资金，专门用于南沙河整治，不再靠各单位项目资金"小修小补"；相关部门定期召开联席会议，河道治理、供暖、电力、市政污水管网等配套，道路交通建设等同步实施，一体化推进。

太原王家山森林公园
（图片来源：中国新闻图片网）

专栏 5-16　创新机制建设：重庆山水林田湖草生态保护修复

2019 年，重庆市获批山水林田湖草生态保护修复国家工程试点，按照"共抓大保护、不搞大开发"的要求，通过持续实施长江防护林建设、退耕还林等工程，开展水土流失治理和水污染防治，修复长江生态环境，保护好三峡库区和长江母亲河。据统计，重庆市国家山水林田湖草生态保护修复工程试点共计 289 个项目，现已完成 196 个。

在生态修复过程中，创新机制建设是重要内容。一是持续完善独具特色的"地票"制度，有效通过市场化手段解决用地和资金缺口。自 2008 年起，重庆开始探索"地票"制度。从 2018 年开始，进一步拓展"地票"功能，允许复垦为宜林地形成"生态地票"，复垦成林地的，5 年后还可形成"林票"进行二次交易。截至目前，重庆市已成功交易生态地票 4075 亩、亩均价格 19 万元左右。二是强化区域协作。重庆和成都共同探索建立跨区域生态补偿机制，共同争取国家层面关于长江经济带生态保护补偿政策，设立长江经济带生态保护补偿基金，加大对"六江"生态廊道等上游屏障地区倾斜支持。

重庆广阳岛一期生态修复
（图片来源：中国新闻图片网）

5.5.2　生态空间微更新改善居民生活

随着城市更新工作的深入，部分城市的城市更新重点转向老百姓生活息息相关的空间微更新领域。聚焦老旧住区边角料空间、街头口袋公园、沿山沿江地区、滨河空间等改善，塑造优良生态空间，满足居民需求。

专栏 5-17　全民认同、全民开放：南通五山及沿江地区生态修复

以狼山为首的五山地区曾是南通的地标，但是五山及沿江地区由于破厂区旧小区交织、黑臭水体较多等问题，南通"滨江不见江、近水不亲水"的问题一度十分突出。2016 年起，在修复长江生态环境的大潮下，南通市开始全面实施五山及沿江地区生态修复工程。共拆迁"散乱污"企业 203 家，清理"小杂船"162 条，并逐步退出港口货运功能，同时新增森林约 6 平方千米，森林覆盖率达 80% 以上。

在五山及沿江地区完成生态修复的 14 平方千米土地中，超过 2/3 的区域免费向市民和游客开放，并同步配套了足球场、沙滩排球场、滑板场以及 20 多千米的游步道等运动场所，充分增强了群众的获得感和幸福感。五山及沿江生态修复期间，搬迁居民、普通市民通过城市热线、现场建言等方式参与修复工作。国家统计局南通调查队调查显示，公众对森林城市建设的支持率为 98.3%、满意度为 93.8%。市民中甚至掀起了认养种植树木的热潮。

南通五山地区生态修复
（图片来源：中国新闻图片网）

专栏 5-18   志愿者河长推动河岸长效管护：深圳茅洲河流域生态修复

茅洲河是深圳第一大河，被称为深圳的"母亲河"。在生态修复方面，尽可能采用生态护岸、柔性生态护底、敞口明渠等方式，广泛采用底泥原位修复、曝气充氧、人工湿地修复、水生植物修复等措施，重构河流生态系统。通过茅洲河碧道建设，串联燕罗湿地公园、万丰湖湿地公园等生态节点，构建了沿河生态长廊。在治理模式方面，引入 EPC 和 EPCO 总承包模式，有效提升了河道治理及生态修复工程效率。2019 年，深圳市光明区发行了治水提质专项债券，投资 82.4 亿元用于茅洲河流域治水；2020 年，深圳市宝安区将市级分配的 3.3 亿元地方政府专项债务限额，全部用于茅洲河水污染治理。

在长效管护方面，积极推进以"志愿者河长"为代表的民间河长巡河制度。广大群众自发参与茅洲河治理管护，流域内现有民间河长、志愿者河长 71 名，每天开展巡河检视，成为流域长效管护的重要元素。专门修订地方物业管理条例和排水条例，推行"专业排水进小区""物业管理进河道"，开展日常专业化巡查维护，确保茅洲河"长制久清"和河流生态功能长效发挥。

修复后的深圳茅洲河
（图片来源：中国新闻图片网）

第六章

城市文化建设与风貌塑造

中华优秀传统文化传承发展的国家行动

城市与区域文化的传承发展

美丽中国建设中的城市风貌塑造

城市空间文化价值的提升

城市文化建设与风貌塑造

　　一个国家、一个民族的强盛，总是以文化兴盛为支撑的，中华民族伟大复兴需要以中华文化发展繁荣为条件。城市是文化的产物，文化的发展是城市发展的"助推器"，城市文化既是一个城市的名片，也被列为影响城市竞争力的重要因素之一。城市文化建设是城市现代化建设的重要组成部分，只有重视城市文化建设和城市文化品位的提升，才能加快城市的现代化进程，才能提升城市的竞争力。

　　城市文化包括物质文化和非物质文化两个方面，并且每个城市的文化历程和特色都是不同的。正是因为这多姿多彩的城市文化和形态各异的城市形象，才有了我们所体验到的博大精深的中国城市魅力。

　　中国政府在城市文化建设中处于主导和推动地位，社会各界及广大民众的全力参与则是城市文化建设的主力军。近年，中国各级政府进一步加强了城市历史文化和风貌保护与传承的制度建设，及以人民为中心的宜居宜业城市绿色活力空间塑造的实践，取得了令世人瞩目的成绩。

6.1　中华优秀传统文化传承发展的国家行动

2017 年春节前国家出台《关于实施中华优秀传统文化传承发展工程的意见》[①]，首次以中央文件形式专题阐述中华优秀传统文化传承发展工作。2021 年 4 月，国家正式印发《中华优秀传统文化传承发展工程"十四五"重点项目规划》以及《文化保护传承利用工程实施方案》，描绘未来五年中华优秀传统文化传承发展蓝图与行动路线。

6.1.1　顶层设计

中华文化源远流长、灿烂辉煌。在 5000 多年文明发展中孕育的中华优秀传统文化，积淀着中华民族最深沉的精神追求，代表着中华民族独特的精神标识，是中华民族生生不息、发展壮大的丰厚滋养，是中国特色社会主义植根的文化沃土，是当代中国发展的突出优势，对延续和发展中华文明、促进人类文明进步，发挥着重要作用。

2017 年，国家印发《关于实施中华优秀传统文化传承发展工程的意见》，提出深入阐发文化精髓、贯穿国民教育始终、保护传承文化遗产、滋养文艺创作、融入生产生活、加大宣传教育力度、推动中外文化交流互鉴等七个方面的任务。

6.1.2　重大进展

（1）城市历史文化传承保护

截至 2021 年，中国已公布 137 座国家历史文化名城、799 个中国历史文化名镇名村、6819 个中国传统村落，划定历史文化街区 970 片，不少有价值的工业建筑、文化景观也逐步纳入保护体系。[②]

（2）非物质文化遗产与传统文学艺术资源保护

中国完善国家、省、市、县四级非遗名录体系，认定非遗代表性项目 10 万余项，其中国家级非遗代表性项目 1372 项；认定国家级非遗代表性传承人 3068 名，确立国家级非物质文化遗产代表性项目保护单位两千余家，设立国家级文化生态保护区 7 个以及国家级文化生态保护实验区 17 个[③]。

国家古籍保护及数字化工程实施以来，全国制定颁布古籍保护国家标准、行业标准 14 项；累计完成普查登记数据 270 余万部，累计修复古籍 360 多万叶，培训古籍从业人员 1 万余人次；全国累计发布古籍数字资源达 7.2 万部。

戏曲传承振兴工程，完成全国地方戏曲剧种普查，大力培育戏曲人才，传承戏曲经典，如中国京剧像音像工程录制京剧经典传统剧目 350 多部，中国戏曲像音像工程试录制 25 部剧目。

中国民间文学大系出版工程实施以来，共有 195 卷启动编纂工作，其中 32 个分卷进入出版社的编校程序；中华民族音乐传承出版工程采风录制收集整理散存于各地区、各领域的民族音乐资源，录制约 128 小时的采风样品。

（3）革命文物保护利用

中国已公布两批革命文物保护利用片区分县名单、实现全国 31 个省（市、自治区）和新疆生产建设兵团

---

① 新华网.中共中央办公厅、国务院办公厅印发《关于实施中华优秀传统文化传承发展工程的意见》[EB/OL].（2017–01–25）. http://www.xinhuanet.com/politics/2017–01/25/c_1120383155.htm.

② 新华网.文明之光照亮复兴之路——以习近平同志为核心的党中央关心文化和自然遗产保护工作纪实[EB/OL].（2019–06–09）. http://www.xinhuanet.com/politics/leaders/2019–06/09/c_1124599401.htm.

③ 数据来源：中国非物质文化遗产网，中国非物质文化遗产数字博物馆 http://www.ihchina.cn/shiyanshi.html#target1.

图 6-1 中国历史文化名城——北京市
（图片来源：中国新闻图片网）

图 6-2 中国历史文化街区——上海外滩
（图片来源：中国新闻图片网）

图 6-3 中国历史文化名镇
山西省临县碛口镇
（图片来源：作者自摄）

图6-3 中国历史文化名镇 山西省临县碛口镇（续）
（图片来源：作者自摄）

图6-4 中国历史文化名村山西省临县碛口镇李家山村
（图片来源：作者自摄）

国家级文化生态保护（实验）区名录（截至2020年6月）　　　　　　　　　表6-1

序号	名称	地区	保护实验区批复时间	总体规划批复时间	保护区批复时间	县级单位数	国家级项目数
1	闽南文化生态保护区	福建省（泉州市）、福建省（漳州市）、福建省（厦门市）	2007年6月	2013年2月	2019年12月	29	58
2	徽州文化生态保护区	安徽省（黄山市、绩溪县）、江西省（婺源县）	2008年1月	2011年3月	2019年12月	9	24
3	热贡文化生态保护区	青海省（黄南藏族自治州）	2008年8月	2011年1月	2019年12月	3	6
4	羌族文化生态保护区	四川省（阿坝藏族羌族自治州茂县、汶川县、理县、松潘县、黑水县，绵阳市北川羌族自治县、平武县）	2008年10月	2014年3月	2019年12月	7	31
5	武陵山区（湘西）土家族苗族文化生态保护区	湖南省（湘西土家族苗族自治州）	2010年5月	2014年3月	2019年12月	8	26
6	海洋渔文化（象山）生态保护区	浙江省（象山县）	2010年6月	2013年2月	2019年12月	1	6
7	齐鲁文化（潍坊）生态保护区	山东省（潍坊市）	2010年11月	2013年5月	2019年12月	12	14
8	羌族文化生态保护实验区	陕西省（宁强县、略阳县）	2008年10月	2014年3月		2	
9	客家文化（梅州）生态保护实验区	广东省（梅州市）	2010年5月	2017年1月		8	6
10	晋中文化生态保护实验区	山西省（晋中市，太原市小店区、晋源区、清徐县、阳曲县，吕梁市交城县、文水县、汾阳市、孝义市）	2010年6月	2012年7月		19	32
11	迪庆民族文化生态保护实验区	云南省（迪庆藏族自治州）	2010年11月	2013年2月		3	8
12	大理文化生态保护实验区	云南省（大理白族自治州）	2011年1月	2017年5月		12	16
13	陕北文化生态保护实验区	陕西省（延安市、榆林市）	2012年4月	2017年5月		25	22

续表

序号	名称	地区	保护实验区批复时间	总体规划批复时间	保护区批复时间	县级单位数	国家级项目数
14	铜鼓文化（河池）生态保护实验区	广西壮族自治区（河池市）	2012年12月	2017年1月		11	9
15	黔东南民族文化生态保护实验区	贵州省（黔东南苗族侗族自治州）	2012年12月	2017年1月		16	72
16	客家文化（赣南）生态保护实验区	江西省（赣州市）	2013年1月	2017年1月		18	10
17	格萨尔文化（果洛）生态保护实验区	青海省（果洛藏族自治州）	2014年8月	2017年1月		6	4
18	武陵山区（鄂西南）土家族苗族文化生态保护实验区	湖北省（恩施土家族苗族自治州，宜昌市长阳土家族自治县、五峰土家族自治县）	2014年8月	2018年4月		10	22
19	武陵山区（渝东南）土家族苗族文化生态保护实验区	重庆市（黔江区、石柱土家族自治县、彭水苗族土家族自治县、秀山土家族苗族自治县、酉阳土家族苗族自治县、武隆县）	2014年8月	2018年4月		6	11
20	客家文化（闽西）生态保护实验区	福建省（龙岩市长汀县、上杭县、武平县、连城县、永定区，三明市宁化县、清流县、明溪县）	2017年1月			8	8
21	说唱文化（宝丰）生态保护实验区	河南省（宝丰县）	2017年1月			1	3
22	藏族文化（玉树）生态保护实验区	青海省（玉树藏族自治州）	2017年1月			6	11
23	河洛文化生态保护实验区	河南省（洛阳市）	2020年6月			15	8
24	景德镇陶瓷文化生态保护实验区	江西省	2020年6月			4	3

（资料来源：文化和旅游部《关于公布国家级文化生态保护区名单的通知》）

图 6-5　古籍保护与修复
（图片来源：中国新闻图片网）

图 6-6　戏曲类非物质文化遗产——福建地方戏 莆仙戏
（图片来源：中国新闻图片网）

图 6-7　中国首批革命文物保护利用片区——井冈山
（图片来源：中国新闻图片网）

全覆盖；实施百年党史文物保护展示工程等重点工程深入推进。

（4）世界文化遗产的增补

截至当前，中国拥有 56 处世界遗产，其中世界文化遗产 38 项、世界文化与自然遗产 4 项、世界自然遗产 14 项，中国是世界上拥有世界遗产数量最多的国家。[①]

2021 年 7 月，"泉州：宋元中国的世界海洋商贸中心"在第 43 届世界遗产大会上通过审议，被列入《世界遗产名录》。泉州古称"刺桐"，至今已有 1300 多年历史。宋元时期，泉州在繁荣的国际海洋贸易中蓬勃发展，呈现"涨海声中万国商"的繁荣景象，成为东亚和东南亚贸易网络的海上枢纽。泉州见证了古代中国与世界各国文明交流互鉴的辉煌历史，承载了中华民族自强不息、开拓进取、合作共赢的精神，是中国历史上对外开放取得的辉煌成就的缩影。[②]

图 6-8　泉州：宋元中国的世界海洋商贸中心
（图片来源：中国新闻图片网）

① 中国文化遗产研究院：https：//www.wochmoc.org.cn/home//html/1//11/index.html?1.

② 新华网."泉州：宋元中国的世界海洋商贸中心"成功列入《世界遗产名录》[EB/OL].（2021-07-25）. http：//www.fj.xinhuanet.com/kfj/2021-07/25/c_1127693504.htm.

图 6-8　泉州：宋元中国的世界海洋商贸中心（续）
（图片来源：中国新闻图片网）

专栏 6-1　中华优秀传统文化传承发展工程的 23 个重点项目

15 个原有项目：中华文化资源普查工程、国家古籍保护及数字化工程、中华经典诵读工程、中国传统村落保护工程、非物质文化遗产传承发展工程、中华民族音乐传承出版工程、中国民间文学大系出版工程、戏曲传承振兴工程、中国经典民间故事动漫创作工程、中华文化广播电视传播工程、中华老字号保护发展工程、中国传统节日振兴工程、中华文化新媒体传播工程、系列文化经典、革命文物保护利用工程。

8 个新设项目：国家文化公园建设工程、黄河文化保护传承弘扬工程、大运河文化保护传承利用工程、中华古文字传承创新工程、农耕文化传承保护工程、中医药文化弘扬工程、城市文化生态修复工程、历史文化名城名镇名村街区和历史建筑保护利用工程。

6.1.3　未来时期重点行动

中华优秀传统文化传承发展工程是动态、开放的系列工程，2021 年印发的《中华优秀传统文化传承发展工程"十四五"重点项目规划》中明确了 23 个重点项目，包括 15 个原有项目和 8 个新增项目。[①]

2021 年由国家发展和改革委员会、中央宣传部、住房和城乡建设部、文化和旅游部、广播电视总局、国家林业和草原局、国家文物局七部门印发的《文化保护传承利用工程实施方案》（以下简称《方案》）明确到 2025 年，大运河、长城、长征、黄河等国家文化公园建设基本完成，打造形成一批中华文化重要标志，相关重要文化遗产得到有效保护利用，一批重大标志性项目综合效益有效发挥，承载的中华优秀传统文化传承发展水平显著提高。[②]

《方案》提出了 2025 年文化保护和传承的目标：全国城乡公共文化服务体系更加完善，重点文物和重大考古遗迹保护水平有效提升，文化旅游融合程度显著加深，扩大内需和促进消费能力不断增强，中华文化重要标志的传播度和影响力进一步彰显，人民群众获得感、幸福感、满足感明显提升。《方案》明确了包括国家文化公园建设、国家重点文物保护和考古发掘、国家公园等重要自然遗产保护展示、重大旅游基础设施建设和重点公共文化设施建设的五大建设任务。

6.2　城市与区域文化的传承发展

6.2.1　城市历史文化传承制度建设

（1）顶层设计：《历史文化名城名镇名村保护条例》的颁布

为了加强历史文化名城、名镇、名村的保护与管理，国务院在 2008 年颁布了《历史文化名城名镇名村保护条例》，提出历史文化名城、名镇、名村的保护应当遵循科学规划、严格保护的原则，保持和延续其传统格局

---

① 新华网. 让中华文化展现永久魅力和新时代风采——中华优秀传统文化传承发展工作取得重要进展 [EB/OL].（2021-04-12）. http://www.xinhuanet.com/politics/2021-04/12/c_1127321083.htm.

② 中国政府网. 中共中央办公厅、国务院办公厅印发《长城、大运河、长征国家文化公园建设方案》[EB/OL].（2019-12-05）. http://www.gov.cn/xinwen/2019-12/05/content_5458839.htm.

和历史风貌,维护历史文化遗产的真实性和完整性,继承和弘扬中华民族优秀传统文化,正确处理经济社会发展和历史文化遗产保护的关系。

1)保护规划

《历史文化名城名镇名村保护条例》提出,历史文化名城批准公布后,历史文化名城人民政府应当组织编制历史文化名城保护规划,历史文化名镇、名村批准公布后,所在地县级人民政府应当组织编制历史文化名镇、名村保护规划。保护规划应明确保护原则、保护原则和保护范围,提出保护措施、开发强度和建设控制、传统隔绝和历史风貌保护等要求,历史文化街区、名镇、名村的核心保护范围和控制地带要求等。

2)保护措施

《历史文化名城名镇名村保护条例》要求,历史文化名城、名镇、名村应当整体保护,保持传统格局、历史风貌和空间尺度,不得改变与其相互依存的自然景观和环境,历史文化名城、名镇、名村所在地县级以上地方人民政府应当根据当地经济社会发展水平,按照保护规划,控制历史文化名城、名镇、名村的人口数量,改善历史文化名城、名镇、名村的基础设施、公共服务设施和居住环境。

(2)制度建设与完善:《国家历史文化名城申报管理办法(试行)》的出台

为加强国家历史文化名城保护工作的整体性和系统性和规范国家历史文化名城申报管理工作,住房和城乡建设部会同国家文物局依据相关法律法规,制定了《国家历史文化名城申报管理办法(试行)》,并于2020年8月印发。①

---

① 中国政府网.两部门印发国家历史文化名城申报管理办法[EB/OL].(2020-08-28).http://www.gov.cn/xinwen/2020-08/28/content_5538145.htm.

根据《国家历史文化名城申报管理办法(试行)》要求,国家历史文化名城应具有以下重要历史文化价值:与中国悠久连续的文明历史有直接和重要关联,与中国近现代政治制度、经济生活、社会形态、科技文化发展有直接和重要关联,见证中国共产党团结带领中国人民不懈奋斗的光辉历程,见证中华人民共和国成立与发展历程,见证改革开放和社会主义现代化的伟大征程,突出体现中华民族文化多样性,集中反映本地区文化特色、民族特色或见证多民族交流融合。并要体现特定历史时期的城市格局风貌,要求历史文化街区和历史建筑保存完好,其中"历史文化街区不少于2片,每片历史文化街区的核心保护范围面积不小于1公顷,50米以上历史街巷不少于4条,历史建筑不少于10处。各级文物保护单位不少于10处,保存状态良好,且能够体现城市历史文化核心价值"。

(3)国家历史文化名城、名胜、名村保护新进展

2020年,针对部分国家历史文化名城存在的保护内容不完整、保护利用不到位、保护制度不完善等问题,住房和城乡建设部、国家文物局开展2020年国家历史文化名城保护工作调研评估,重点评估历史文化资源普查认定工作情况、保护对象的保护利用情况和保护管理工作情况。

2021年国家"十四五"规划强调加强历史文化名城名镇名村保护,国家"十四五"文化和旅游发展规划进一步提出健全世界文化遗产申报和保护管理制度,加大历史文化名城名镇名村保护力度,加强传统村落、农业遗产、工业遗产保护的相关要求。

近两年新增加的国家历史文化名城有3个,分别为2020年增补的辽宁省辽阳市以及2021年增补的云南省通海县和安徽省黟县。

图 6-9　辽宁省辽阳市
（图片来源：中国新闻图片网）

图 6-10　安徽省黟县
（图片来源：中国新闻图片网）

6.2.2　非物质文化遗产保护制度建设

（1）顶层设计：《中华人民共和国非物质文化遗产法》的颁布

为了继承和弘扬中华民族优秀传统文化，促进社会主义精神文明建设，加强非物质文化遗产保护、保存工作，全国人大常委会通过了《中华人民共和国非物质文化遗产法》，该法律自 2011 年 6 月 1 日起施行。

《中华人民共和国非物质文化遗产法》提出，非物质文化遗产包括传统口头文学以及作为其载体的语言、传统美术、书法、音乐、舞蹈、戏剧、曲艺和杂技、传统技艺、医药和历法、传统礼仪、节庆等民俗、传统体育和游艺等形式。该法提出，国家对非物质文化遗产采取认定、记录、建档等措施予以保存，对体现中华民族优秀传统文化，具有历史、文学、艺术、科学价值的非物质文化遗产采取传承、传播等措施予以保护。

（2）第五批国家级非物质文化遗产名录的增补

中国文化遗产蕴含着中华民族特有的精神价值、思维方式、想象力，体现着中华民族的生命力和创造力，是各民族智慧的结晶，也是全人类文明的瑰宝。2005年，国务院下发《关于加强文化遗产保护的通知》，要求各地开展非物质文化遗产普查工作，制定非物质文化遗产保护规划，抢救珍贵非物质文化遗产，建立非物质文化遗产名录体系。

国家级非物质文化遗产名录经中华人民共和国国务院批准，由文化和旅游部确定并公布。国家级非物质文化遗产名录中有民间文学、传统音乐、民间舞蹈、传统戏剧、曲艺、杂技与竞技、民间美术、传统手工技艺、传统医药、民俗等类型构成。著名的蒙古族长调民歌、京西太平鼓、安塞腰鼓、昆曲、秦腔等均属于传统音乐舞蹈和戏剧遗产，不断丰富着城市的人文风貌；客家土楼营造技艺、侗族木构建筑营造技艺、苗寨吊脚楼营造技艺、兰州黄河大水车制作技艺等属于传统手工技艺类非物质文化遗产，深刻影响着城乡建筑面貌。

2021 年 5 月，经中华人民共和国国务院公布了第五批国家级非物质文化遗产代表性项目名录，名录共计 185 项，其中有民间文学 12 项、传统音乐 19 项、传统舞蹈 13 项、传统戏剧 9 项、曲艺 18 项、传统体育、游艺与杂技 27 项、传统美术 17 项、传统技艺 46 项以及民俗 24 项。[①]

（3）国家级文化生态保护区（实验区）的确立

"国家级文化生态保护区"是指以保护非物质文化遗产为核心，对历史文化积淀丰厚、存续状态良好，具有重要价值和鲜明特色的文化形态进行整体性保护，并经文化和旅游部同意设立的特定区域。截至 2020 年 6 月，中国共设立国家级文化生态保护区 7 个，国家级文化生态保护实验区 17 个，涉及省份 17 个。

最新设立的一批为文化生态保护实验区，是 2020 年 6 月设立的河洛文化生态保护实验区和景德镇陶瓷文化生态保护实验区。

2019 年 12 月，为加强非物质文化遗产区域性整体保护，进一步推进国家级文化生态保护区建设，文化和旅游部将 7 家文化生态保护实验区确立为文化生态保护区，这七处分别为：闽南文化生态保护实验区、徽州文化生态保护区、热贡文化生态保护区、羌族文化生态保护区、武陵山区（湘西）土家族苗族文化生态保护区、海洋渔文化（象山）生态保护区、齐鲁文化（潍坊）生态保护区。

---

① 中国政府网 . 国务院关于公布第五批国家级非物质文化遗产代表性项目名录的通知（国发〔2021〕8 号）[EB/OL]. （2021-05-24）. http://www.gov.cn/zhengce/content/2021-06/10/content_5616457.htm.

图 6-11　第五批国家级非物质文化遗产代表性项目名录——云南云子制作技艺
（图片来源：中国新闻图片网）

图 6-12　第五批国家级非物质文化遗产代表性项目名录——拉萨擦擦制作技艺
（图片来源：中国新闻图片网）

图 6-13　2020 年 6 月设立的景德镇陶瓷文化生态保护实验区
（图片来源：中国新闻图片网）

图 6-14　闽南文化生态保护实验区包括福建省泉州市、漳州市、厦门市（图为漳州市）
（图片来源：中国新闻图片网）

6.2.3　国家文化公园建设进展

2019 年，国家印发了《长城、大运河、长征国家文化公园建设方案》，提出到 2023 年底基本完成建设任务，强调以长城、大运河、长征沿线一系列主题明确、内涵清晰、影响突出的文物和文化资源为主干，生动呈现中华文化的独特创造、价值理念和鲜明特色，促进科

学保护、世代传承、合理利用。

2021 年 3 月，《中华人民共和国国民经济和社会发展第十四个五年规划和 2035 年远景目标纲要》中提出，建设长城、大运河、长征、黄河等国家文化公园。2021 年 8 月，国家文化公园建设工作领导小组又印发了《长城国家文化公园建设保护规划》《大运河国家文化公园建设保护规划》《长征国家文化公园建设保护规

图 6-15　长城国家文化公园
（图片来源：中国新闻图片网）

划》，要求各相关部门和沿线省份结合实际抓好贯彻落实。

（1）长城国家文化公园建设

长城国家文化公园包括战国、秦、汉长城，北魏、北齐、隋、唐、五代、宋、西夏、辽具备长城特征的防御体系，金界壕，明长城。《长城国家文化公园建设保护规划》，整合长城沿线涉及北京、天津、河北、山西、内蒙古、辽宁、吉林、黑龙江、山东、河南、陕西、甘肃、青海、宁夏、新疆 15 个省（市、自治区）文物和文化资源，按照"核心点段支撑、线性廊道牵引、区域连片整合、形象整体展示"的原则构建总体空间格局，重点建设管控保护、主题展示、文旅融合、传统利用四类主体功能区，实施长城文物和文化资源保护传承、长城精神文化研究发掘、环境配套完善提升、文化和旅游

深度融合、数字再现工程，突出标志性项目建设，建立符合新时代要求的长城保护传承利用体系，着力将长城国家文化公园打造为弘扬民族精神、传承中华文明的重要标志。

（2）大运河国家文化公园建设

大运河国家文化公园包括京杭大运河、隋唐大运河、浙东运河3个部分，通惠河、北运河、南运河、会通河、中（运）河、淮扬运河、江南运河、浙东运河、永济渠（卫河）、通济渠（汴河）10个河段。《大运河国家文化公园建设保护规划》，整合大运河沿线北京、天津、河北、江苏、浙江、安徽、山东、河南8个省（市）

文物和文化资源，按照"河为线、城为珠、珠串线、线带面"的思路优化总体功能布局，深入阐释大运河文化价值，大力弘扬大运河时代精神，加大管控保护力度，加强主题展示功能，促进文旅融合带动，提升传统利用水平，推进实施重点工程，着力将大运河国家文化公园建设成为新时代宣传中国形象、展示中华文明、彰显文化自信的亮丽名片。

（3）长征国家文化公园建设

长征国家文化公园，以中国工农红军一方面军（中央红军）长征线路为主，兼顾红二、四方面军和红二十五军长征线路。《长征国家文化公园建设保护

图6-16 大运河国家文化公园
（图片来源：中国新闻图片网）

规划》整合长征沿线 15 个省（市、自治区）文物和文化资源，根据红军长征历程和行军线路构建总体空间框架，加强管控保护、主题展示、文旅融合、传统利用四类主体功能区建设，实施保护传承、研究发掘、环境配套、文旅融合、数字再现、教育培训工程，推进标志性项目建设，着力将长征国家文化公园建设成为呈现长征文化，弘扬长征精神，赓续红色血脉的精神家园。

（4）黄河国家文化公园建设

黄河被誉为中华民族的母亲河。以黄河文化为核心，形成了中华文明。黄河国家文化公园涉及黄河沿线 9 个省（市、自治区）。2020 年底，国家发改委启动了黄河国家文化公园建设，河南、甘肃、陕西等相关省份均已开展各省的相关建设保护规划。例如河南省正在编制《黄河国家文化公园（河南段）建设保护规划》，提出重点推进黄河国家博物馆、大河村国家考古遗址公园、荥泽古城、黄河悬河文化展示中心、黄河流域非物质文化遗产保护中心、隋唐大运河文化博物馆等 40 个重大工程项目。

图 6-17 红军长征湘江战役纪念馆
（图片来源：中国新闻图片网）

图 6-18　四川省·九曲黄河第一弯
（图片来源：中国新闻图片网）

图 6-19　河南省·黄河生态廊道
（图片来源：中国新闻图片网）

图 6-20　山西陕西交界·壶口瀑布
（图片来源：中国新闻图片网）

6.3　美丽中国建设中的城市风貌塑造

6.3.1　美丽中国建设的顶层设计

　　"美丽中国"是中国共产党的第十八次代表大会中提出的概念，强调把生态文明建设放在突出地位，融入经济建设、政治建设、文化建设、社会建设各方面

和全过程。2018 年，"美丽"被写入《中华人民共和国宪法》[①]，2015 年、2020 年，"美丽中国"分别被写入中华人民共和国国民经济和社会发展第十三个、第十四个五年规划。

　　2021 年印发的中华人民共和国国民经济和社会发

———————————————
① 完整表述为："我国建设成为富强民主文明和谐美丽的社会主义现代化强国。"

图 6-21　美丽中国（甘孜州新龙县措卡湖景区、秋天的卡莎湖湿地、云南浪巴铺土林景区）
（图片来源：中国新闻图片网）

展第十四个五年规划中提出，到 2035 年，"生态环境根本好转，美丽中国目标基本实现。"到 2050 年，"把中国建成富强民主文明和谐美丽的社会主义现代化强国。"美丽中国是建设"富强民主文明和谐美丽中国"中的"美丽中国"，是生态文明建设成果的集中体现，以生态环境优美为基本内涵和根本标志。"美丽中国"建设的指标体系包括空气清新、水体洁净、土壤安全、生态良好、人居整洁 5 类指标。按照突出重点、群众关切、数据可得的原则，注重美丽中国建设进程结果性评估。

6.3.2　城市风貌管控与塑造的政策要求

美丽城市是美丽中国的重要组成部分，是建设美丽中国的重要载体，近年来中国政府不断完善美丽城市建设方面的制度化建设。

2020 年 4 月，为贯彻落实"适用、经济、绿色、美观"新时期建筑方针，治理"贪大、媚洋、求怪"等建筑乱象，进一步加强城市与建筑风貌管理，坚定文化自信，延续城市文脉，体现城市精神，展现时代风貌，彰显中国特色，住房和城乡建设部、国家发改委联合下发《关

图 6-21　美丽中国（甘孜州新龙县措卡湖景区、秋天的卡莎湖湿地、云南浪巴铺土林景区）（续）
（图片来源：中国新闻图片网）

于进一步加强城市与建筑风貌管理的通知》（以下简称《通知》）。《通知》明确提出了明确城市与建筑风貌管理重点和完善城市与建筑风貌管理制度的要求。[①]

2021 年 4 月住房和城乡建设部等 15 部门联合下发了《关于加强县城绿色低碳建设的意见》，在风貌保护的领域提出了顺应原有地形地貌、保持山水脉络和自然风貌、保护传承县城历史文化和风貌等要求。

（1）城市与建筑风貌管理的三大重点

其一，超大体量公共建筑。《通知》要求，各地要把市级体育场馆、展览馆、博物馆、大剧院等超大体量公共建筑作为城市重大建筑项目进行管理，严禁建筑抄袭、模仿、山寨行为。

其二，超高层地标建筑。《通知》要求，严格限制各地盲目规划建设超高层"摩天楼"，一般不得新建 500 米以上建筑，严格限制新建 250 米以上建筑，各地新建 100 米以上建筑应充分论证、集中布局。中小城市要严格控制新建超高层建筑，县城住宅要以多层为主。

其三，重点地段建筑。《通知》强调，各地应加强自然生态、历史人文、景观敏感等重点地段城市与建筑风貌管理，健全法规制度，加强历史文化遗存和景观风貌的保护。

（2）完善城市与建筑风貌管理制度的四项要求

其一，完善城市设计和建筑设计相关规范和管理制度。包括完善城市、街区、建筑等相关设计规范和管理制度，强化城市设计对建筑的指导约束，全面开展城市体检，及时整治包括奇奇怪怪建筑在内的各类"城市病"等。

其二，严把建筑设计方案审查关。各地要建立健全建筑设计方案比选论证和公开公示制度，把是否符合"适用、经济、绿色、美观"建筑方针作为建筑设计方案审查的重要内容，防止破坏城市风貌。

其三，加强正面引导和市场监管。加大优秀建筑设计正面引导力度，引导建筑师树立正确的设计理念，注重建筑使用功能以及节能、节水、节地、节材和环保要求，防止片面追求建筑外观形象；探索建立建筑设计行业诚信体系和黑名单制度，加大对建筑设计市场违法违规行为处罚力度等。

其四，探索建立城市总建筑师制度。住房和城乡建设部制定设立城市总建筑师的有关规定，支持各地先行开展城市总建筑师试点，总结可复制可推广经验。

（3）县城风貌保护的两方面要求

县城建设要与自然环境相协调。县城建设应融入自然，顺应原有地形地貌，不挖山，不填河湖，不破坏原有的山水环境，保持山水脉络和自然风貌。保护修复河湖缓冲带和河流自然弯曲度，不得以风雨廊桥等名义开发建设房屋。县城绿化美化主要采用乡土植物，实现县城风貌与周边山水林田湖草沙自然生态系统、农林牧业景观有机融合。充分借助自然条件，推进县城内生态绿道和绿色游憩空间等建设。

加强县城历史文化保护传承。保护传承县城历史文化和风貌，保存传统街区整体格局和原有街巷网络。不拆历史建筑、不破坏历史环境，保护好古树名木。加快推进历史文化街区划定和历史建筑、历史水系确定工作，及时认定公布具有保护价值的老城片区、建筑和水利工程，实施挂牌测绘建档，明确保护管理要求，确保有效保护、合理利用。及时核定公布文物保护单位，做好文物保护单位"四有"工作和登记不可移动文物挂牌保护，加大文物保护修缮力度，促进文物开放利用。落实文物消防安全责任，加强消防供水、消防设施和器材的配备和维护。县城建设发展应注意避让大型古遗址古墓葬。

① 住房和城乡建设部.住房和城乡建设部 国家发展改革委关于进一步加强城市与建筑风貌管理的通知 [EB/OL].（2020-04-27）. http：//www.mohurd.gov.cn/jzjnykj/202004/t20200429_245239.html.

图 6-22　陕西省风貌特色（陕西商洛）
（图片来源：中国新闻图片网）

6.3.3　城市风貌治理的制度化建设

在风貌管控制度化建设中，既完善刚性管控，也保留弹性管控的余地和自由裁量的空间，形成刚弹相济的风貌管控手段。结合国内城市的风貌管控经验，宏观、中观和微观不同层次的风貌管控侧重点不同。[①]

（1）在宏观尺度上，建立风貌导引的机制

根据不同的自然环境，识别最具地方特色的气候、生态等要素，在大区域尺度提出分区风貌指引。例如，陕西省进行全省风貌管控时，注重陕北高原地区沙漠、黄土等自然要素特色，陇南良好的自然环境与植被覆盖条件，关中地区丰富的历史文化和平坦的地形地貌等特色，提出针对三个区域的风貌指引，以体现各区域自然和历史风貌的差异性。

（2）在中观尺度上，明确风貌管控的底线约束

通过识别重点风貌要素并进行针对性保护，在全市域和建成区总体层面建立城市风貌保护体系和格局，开展控制线划定工作。如青岛市，在进行风貌要素整备的基础上，以法定条例和保护规划相结合的形式建立全

---

① 资料来源：
　a. 吕斌，陈天，匡晓明，等. 城镇风貌管控的制度化路径 [J].
　　城市规划，2020，399（03）：62-69.
　b. 吕斌，周岚，李金路，等. 城镇特色风貌传承和塑造的困
　　与惑 [J]. 城市规划，2019，043（003）：59-66，95.
　c. 北京、上海、杭州、青岛、重庆等城市建设主管部门编写的"城
　　市特色风貌区申报材料"。

图 6-23 陕西省风貌特色（陕西汉中）
（图片来源：中国新闻图片网）

域层面的管控体系，注重整体山、海、城总体风貌格局的底线管控。

（3）在微观层面，促进分区管控与整体管控相衔接

在城市建成区内部，根据风貌禀赋与特色的差异，划定重要的风貌区、保护建筑群等，出台更细致的保护措施，微观层面需处理好一般地区与重点地区的风貌协调关系。

如杭州市对重点地区进行条例化管控，纳入最重要、简明的量化要求，并从局部起步，逐渐形成城市总体管控机制，制定管控导则，分层级提出具有底线性和适宜性的标准，以此影响风貌基本面。

广州市出台《关于打造"最广州"传统商文旅活化提升区的建议》，以城市更新为契机提供资金和项目保障，成立共同缔造委员会以促进城市的更新和特色风貌的塑造。

图6-24　青岛市海岸带
（图片来源：作者自摄）

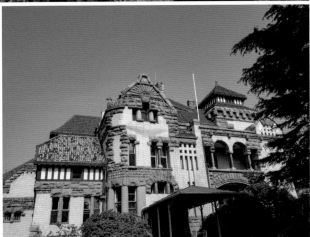

图6-25　青岛市历史城区
（图片来源：作者自摄）

图 6-26　杭州城市风貌
（图片来源：中国城市规划学会）

图 6-27　广州城市风貌
（图片来源：广州市申报城市特色风貌区文件）

图 6-27　广州城市风貌（续）
（图片来源：广州市申报城市特色风貌区文件）

6.3.4　特色风貌塑造的创新实践

（1）城市历史文化风貌保护

"历史文化是城市的灵魂，要像爱惜自己的生命一样保护好城市历史文化遗产。"城市历史文化风貌特色主要具有以下几方面特点：具有反映重大历史事件、重要历史人物活动的文化遗迹；规划与建设方式深刻反映了历史上的权力体制等特点；历史文物遗迹的富集程度高，遗迹保存完整性好。

部分城市建立了历史文化资源调查、历史文化遗产保护与创新的激励制度，既使城镇有看得到的历史，可触摸得到的乡愁，又推动创造符合时代科技人文发展的建筑文化精品，让城镇各个时代、各个时期的优秀文化遗迹和建筑场所能够各美其美，交相辉映。

天津市在历史风貌保护的制度建设方面有较高的借鉴价值，《天津市历史风貌建筑保护条例（2005）》中明确了历史文化建筑的识别、历史风貌建筑区的保护和协调要求、历史风貌建筑与建筑区内禁止行为清单等具体要求。天津市相关负责部门制定了《天津市历史风貌建筑使用管理办法》《天津市历史风貌（区）建筑确定程序》《天津市历史风貌建筑保护腾迁管理办法》等

政府文件，规范保护的实施过程。

北京在划定城市特色风貌区方面考虑到了历史文脉传承的重要性。什刹海城市特色风貌区位于北京城核心位置，由前海、后海、西海及沿岸名胜古迹和民居民俗生活组成，是京城内老北京风貌保存最完好的地方，是北京珍贵的历史文化遗产。该地区的城市传统格局具体反映在街道、胡同等道路网络和水面形态上，具有鲜明的个性和可识别性。自明、清以来，什刹海地区未经过重大道路、用地的调整，传统街区格局保存程度高。

（2）城镇山水生态格局保护

部分山水生态环境优良的城市，既从总体层面控制城市与周边自然环境形成良好的格局关系，也在细节层面上控制滨水、临山建筑的风格、高度、体量等，将城镇轻轻放入大自然之中。

重庆作为山城和江城，有两江环抱，青山纵隔的总体山水格局，城市与山水咬合得非常紧密，在主城区建设过程中出台一系列管控规定，以保护山水格局。《重庆市主城区城市空间形态规划管理办法》研究城市形态与总体山水格局的关系，提高建筑形态与自然本底特色的融合度，控制建设项目与城市山际线、水际线、天际轮廓线以及城市整体风貌的统一协调。

图 6-28　天津五大道城市特色风貌区
（图片来源：中新社记者　佟郁　摄）

图 6-29　什刹海历史文化保护区风貌示意图
（图片来源：作者自摄）

民国初期的渝中半岛

中华人民共和国成立前的弹子石

重庆中央商务区（CBD）鸟瞰

图 6-30　重庆市山水格局
（图片来源：重庆市申报城市特色风貌区文件）

6.4　城市空间文化价值的提升

6.4.1　城市文化建设对城市高质量发展的贡献

中国当前正处在转变发展方式、优化经济结构、转换增长动力的攻关期，经济发展由高速增长阶段转向高质量发展阶段。新时期中国发展的高质量体现在经济社会发展的方方面面，经济、社会、文化、生态等各领域都要体现高质量发展的要求，让人民群众有实实在在、全面立体的获得感。推动高质量发展，文化是重要支点，满足人民日益增长的美好生活需要，文化是重要因素。

"一个城市的历史遗迹、文化古迹、人文底蕴，是城市生命的一部分。文化底蕴毁掉了，城市建得再新再好，也是缺乏生命力的。"在高质量发展的新时期，在中国城镇化发展的下半程，城市文化建设将是为人民群众提供文化产品服务和满足精神文化需求的重要途径。城市历史文化的保护、文化产业街区的塑造、市民面貌的提升、文化艺术设施的建设、城市文化景观的打造等都在彰显着地域文化的内涵，培育着新型文化企业、文化业态、文化消费模式，最终丰富了人民的美好生活需要。

6.4.2　历史文化遗产活化利用的创新实践

（1）南锣鼓巷可持续再生

南锣鼓巷是与元大都同期建成的一条街巷，距今已有 740 余年的历史。南锣鼓巷及其周边地区不仅拥有众多典型的北京四合院建筑，还保留着元代传承至今的街巷格局，是北京 850 余年都城史的载体，是仍在使用中的"活"的文物。20 世纪 90 年代初，南锣鼓巷地区作为北京市可考历史最久、最典型的传统民居区，被列入北京市政府批准的第一批 25 片历史文化保护区。为了避免街区景观僵化、居民被迫迁出、产业迅速衰退等历史街区改造中的常见问题，北京市东城区交道口街道办事处充分调动社会多方力量，积极探索尝试，形成了"以保护促进发展、以发展加强保护"的渐进式、可持续发展模式，即"旧城可持续再生模式"。[①]

（2）北京市崇雍大街城市更新

北京的城市更新注重存量资源的"腾笼换鸟"和存量空间的"留白增绿"，"见缝插针"补齐民生设施短板，努力提升公共服务能力、基础设施效率、人居环境品质。

---

① 吕斌，王春．历史街区可持续再生城市设计绩效的社会评估——北京南锣鼓巷地区开放式城市设计实践[J]．城市规划，2013，37（3）：31-38.

图 6-31　南锣鼓巷
（图片来源：作者自摄）

崇雍大街，一头连着天坛，一头连着地坛，被称为"天地之街"，也是东城区最重要的南北主轴之一，沿线遍布商业、办公、居民住宅等设施，集城市交通功能和历史文化承传于一体。近几年来，随着雍和宫大街改造一、二期工程的推进，治拥堵、治违建，洗外墙、换门窗，古建修缮、下水改造，留白增绿、架线清理，曾经老旧的小区化身为网红打卡点，形成了"慢街素院、儒风禅韵、贤居雅巷、文旅客厅"的街道精细化治理样本。①

近年来北京市以中轴线为牵引推动老城整体保护取得了显著成果，立足可持续发展，保护城市历史景观整体性，重新修订《北京历史文化名城保护条例》、编制《北京中轴线风貌管控城市设计导则》，推动北京中轴线文化遗产保护立法工作，将历史文化名城的范围覆盖到全市区域。

（3）南京市颐和路历史文化街区复兴

颐和路历史文化街区位于南京市鼓楼区，是首批公布的 30 个中国历史文化街区之一，也是 1927 年《首都计划》中的第一住宅区范本。街区历史保护要素与名人故居密度高，35 公顷范围内，现存近代军政名人故居 222 处，省、市、区级文保单位 52 处，不可移动文物 171 处。

颐和路历史文化街区复兴的主题定位是"百年颐和、国际风华"，坚持创造性转化、创新性发展，确立街区发展目标是"民国历史窗口、古都文创中心、国际交往客厅、艺术金融高地"，在产业体系优化的过程中，突出文化与科技、金融、教育结合，发展公共属性的文史博览等文化形式，发展市场属性的时尚游憩商业等文化形式。颐和路历史街区的复兴战略，文化是灵魂、产业是核心、空间是载体，通过引入合理的业态将衰落内部空间逐步提升、迭代更新，既提升街区内原住民的获得感，同时将总量的 40% 用于开放，置换新的城市功能，形成主客共享的格局，并成为未来南京历史街区保护与复兴的创新样本。②

① 人民网.崇雍大街改造，尽显新时代传统京味 [EB/OL].（2020-11-27）. http://society.people.com.cn/n1/2020/1127/c1008-31947477.html.

② 南京日报.颐和路历史文化街区启动"复兴计划" [EB/OL].（2020-06-24）. http://www.njdaily.cn/2020/0624/1848479.shtml.

图 6-32　崇雍大街风貌
（图片来源：作者自摄）

图 6-33　南京市颐和路历史文化街区风貌
（图片来源：何序君　摄）

图 6-34　广州永庆坊
（图片来源：中国新闻图片网）

图6-35　上海市番禺路222号风貌
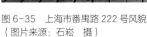
（图片来源：石崧　摄）

6.4.3　微更新、微改造实践

（1）广州永庆坊的共同缔造实践

位于广州荔湾区恩宁路的永庆坊，是国家历史文化街区保护利用试点，其改造经验将上报国家住房和城乡建设部，有望被复制推广。微改造的"绣花功夫"不仅是设计和施工精细化，更需要精细化治理，永庆坊实践出公众参与、共享成果的精细化治理经验，成为广州实现共建共治共享社会治理新格局的缩影。"城市规划和建设要高度重视历史文化保护，不急功近利，不大拆大建。要突出地方特色，注重人居环境改善，更多采用微改造这种'绣花'功夫，注重文明传承、文化延续，让城市留下记忆，让人们记住乡愁。"

2018年9月，"恩宁路历史文化街区共同缔造委员会"成立。这是广州首个历史街区保护利用公众参与组织，成员包括政府部门、居民业主代表、商户代表、城市规划和文保专家、建设方代表以及人大代表、政协委员和媒体代表，共同缔造委员会是居民主动参与旧城更新和街区建设的有效机制，建立以来多次组织"共同缔造"讨论活动，邀请人大代表、居民代表、民间学术团体、有关专家等100多人参与讨论，累计收集问题意见34条，听取专家意见建议20余份。[①]

（2）上海市番禺路222号更新

上海市番禺路222号弄是一条连接番禺路与定西路的小弄堂，是一条社区生活式的街道，原本路面不平整，并且被花坛、杂物、车辆挤占道路空间，通行不畅。为了增加儿童活动的空间和理顺行人、非机动车以及低速机动车的行车通道，上海万科与设计师提出"步行实验室"概念，以"步行优先""儿童友好"为原则，进行街道空间的优化建设。街道更新过程中，取消路缘石高差，拆除挡路休息棚，拓展了道路使用面积；结合灯箱和花箱摆放休憩座椅，形成举办社区活动的小场所；增加儿童友好型的步行带，用不同材质拼接图案，形成儿童玩耍活动的空间。在设计师的巧妙布局下，番禺路222号成为一个行人自由行走、小孩快乐玩耍、居民自在休憩的"小粉巷"。[②]

① 人民网.广州永庆坊 今天更青春[EB/OL].（2020-06-15）. http://cpc.people.com.cn/n1/2020/0615/c64387-31746463.html.

② 新民晚报.80米小弄堂变身"步行实验室" 城市微更新让社区充满人情味[EB/OL].（2019-02-25）. http://newsxmwb.xinmin.cn/chengsh/2019/02/25/31492205.html.

附录 中国 298 个地级及以上城市基本数据

城市名称	行政区域土地面积（平方千米）	年末户籍人口（万人）	六普常住人口（万人）	建成区面积（平方千米）	地区生产总值（万元）	人均地区生产总值（元）	供水普及率（%）	污水处理率（%）	人均公园绿地面积（平方米）	生活垃圾处理率（%）
直辖市										
北京市	16406	1376.0	1961.24	1469	303199787	140211	100.00	98.60	16.30	100.00
天津市	11760	1082.0	1293.87	1078	188096400	120711	100.00	93.79	9.38	98.37
上海市	6341	1462.0	2301.92	1238	326798700	134982	100.00	95.18	8.49	100.00
重庆市	82402	3404.0	2884.62	1497	203631900	65933	98.28	95.23	17.14	99.97
河北省										
石家庄市	15848	982.0	1016.38	309	60826180	55723	100.00	99.66	16.35	100.00
唐山市	14198	758.0	757.73	249	69549700	87855	100.00	98.59	15.54	100.00
秦皇岛市	7803	300.0	298.76	138	16355631	52380	98.24	96.81	17.89	100.00
邯郸市	12065	1058.0	917.47	189	34545705	36289	100.00	98.41	15.71	100.00
邢台市	12433	797.0	710.41	106	21507611	29210	100.00	97.00	16.72	100.00
保定市	22185	1208.0	1119.44	215	35897885	31057	98.72	97.95	10.77	99.21
张家口市	36797	465.0	434.55	101	15366202	34661	99.07	96.92	9.80	98.95
承德市	39490	382.0	347.32	78	14815102	41476	100.00	96.81	19.87	100.00
沧州市	14304	783.0	713.41	84	36764121	48562	100.00	99.91	11.68	100.00
廊坊市	6419	479.0	435.88	69	31082249	64906	100.00	98.10	13.93	100.00
衡水市	8837	456.0	434.08	76	15586909	34898	100.00	98.13	12.28	100.00
山西省										
太原市	6988	377.0	420.16	340	38844778	88272	100.00	94.71	12.05	100.00
大同市	14178	318.0	331.81	125	12719598	36877	100.00	91.00	14.15	100.00
阳泉市	4559	132.0	136.85	62	7336944	51976	100.00	94.00	9.79	100.00
长治市	13955	339.0	333.46	59	16456336	47540	100.00	95.82	10.80	100.00
晋城市	9425	221.0	227.91	48	13518530	57819	99.60	95.00	12.13	100.00
朔州市	10625	163.0	171.49	36	10656332	59914	98.59	92.94	15.42	100.00
晋中市	16444	334.0	324.94	84	14476039	42910	100.00	97.74	16.30	100.00
运城市	14183	513.0	513.48	66	15096407	28229	99.00	95.01	10.92	100.00
忻州市	25152	308.0	306.75	37	9891298	31209	100.00	95.69	14.09	100.00
临汾市	20275	433.0	431.66	61	14400430	32066	99.35	100.00	11.76	100.00
吕梁市	21239	394.0	372.71	33	14203195	36585	98.92	94.66	15.85	100.00
内蒙古自治区										
呼和浩特市	17186	246.0	286.66	260	29035000	93029	99.79	99.51	16.91	100.00
包头市	27768	224.0	265.04	211	29517900	102379	100.00	95.83	14.94	100.00
乌海市	1754	44.0	53.29	62	4959360	88041	100.00	98.10	19.43	100.00
赤峰市	90021	459.0	434.12	106	15498400	35819	99.01	95.94	18.82	100.00

续表

城市名称	行政区域土地面积（平方千米）	年末户籍人口（万人）	六普常住人口（万人）	建成区面积（平方千米）	地区生产总值（万元）	人均地区生产总值（元）	供水普及率（%）	污水处理率（%）	人均公园绿地面积（平方米）	生活垃圾处理率（%）
通辽市	59629	316.0	313.92	63	13016000	41573	99.39	98.41	20.87	100.00
鄂尔多斯市	86882	162.0	194.07	118	37632100	181486	99.85	99.87	37.09	100.00
呼伦贝尔市	261570	256.0	254.93	93	12529000	49529	99.63	99.54	13.41	100.00
巴彦淖尔市	65140	174.0	166.99	51	8131300	48193	98.04	98.75	12.06	100.00
乌兰察布市	54500	271.0	214.36	70	7645200	36418	96.64	95.70	39.93	98.04
辽宁省										
沈阳市	12860	746.0	810.62	560	62923981	75766	100.00	94.95	12.81	100.00
大连市	13244	595.0	669.04	404	76684823	109550	100.00	94.57	10.75	100.00
鞍山市	9263	342.0	364.59	174	17510580	48810	100.00	92.00	10.82	100.00
抚顺市	11271	209.0	213.81	141	10488211	50951	99.71	98.23	11.61	100.00
本溪市	8414	146.0	170.95	109	8230867	48920	99.69	99.96	11.44	100.00
丹东市	15290	234.0	244.47	85	8167389	34193	100.00	79.13	12.51	100.00
锦州市	10048	295.0	312.65	77	11924093	39211	100.00	96.00	14.66	100.00
营口市	5420	231.0	242.85	180	13467208	55295	100.00	94.20	14.14	100.00
阜新市	10355	185.0	181.93	77	4459906	25340	98.76	99.81	12.09	100.00
辽阳市	4788	175.0	185.88	107	8697260	47422	100.00	100.00	12.11	100.00
盘锦市	4103	130.0	139.25	107	12165782	84602	100.00	99.00	14.00	100.00
铁岭市	12985	292.0	271.77	66	6166189	23517	98.53	100.00	13.85	100.00
朝阳市	19698	336.0	304.46	59	8314297	28266	100.00	91.65	13.11	100.00
葫芦岛市	10416	276.0	262.35	90	8127841	32012	96.06	89.53	10.49	100.00
吉林省										
长春市	20594	751.0	767.44	542	71757117	95663	95.20	92.95	13.84	97.09
吉林市	27711	414.0	441.32	192	22102386	53452	98.68	98.15	12.21	100.00
四平市	14382	319.0	338.52	62	9443242	29556	96.70	94.99	9.25	100.00
辽源市	5140	117.0	117.62	46	6216011	52861	95.36	86.09	9.90	100.00
通化市	15612	216.0	232.44	58	8293000	38297	94.47	95.53	14.32	100.00
白山市	17505	118.0	129.61	48	6617099	56031	89.38	83.67	5.46	100.00
松原市	21089	275.0	288.01	52	13736009	49912	96.10	96.30	17.78	100.00
白城市	25759	190.0	203.24	45	6065061	31849	98.60	89.65	7.85	100.00
黑龙江省										
哈尔滨市	53076	952.0	1063.60	442	63004794	66094	100.00	94.58	10.44	91.68
齐齐哈尔市	42469	530.0	536.70	140	13401571	26271	100.00	94.17	9.97	73.77
鸡西市	22531	173.0	186.22	80	5351782	30784	96.37	95.35	10.95	99.44

续表

城市名称	行政区域土地面积（平方千米）	年末户籍人口（万人）	六普常住人口（万人）	建成区面积（平方千米）	地区生产总值（万元）	人均地区生产总值（元）	供水普及率（%）	污水处理率（%）	人均公园绿地面积（平方米）	生活垃圾处理率（%）
鹤岗市	14665	100.0	105.87	53	2895770	28891	98.67	78.32	15.07	76.23
双鸭山市	22682	141.0	146.26	58	5070075	35527	98.38	84.04	13.76	100.00
大庆市	21219	273.0	290.45	248	28011583	102639	99.63	98.80	13.34	100.00
伊春市	32800	114.0	114.81	152	2741523	23837	86.88	90.31	24.12	61.19
佳木斯市	32704	233.0	255.21	97	10120491	39344	99.17	90.02	14.58	100.00
七台河市	6190	78.0	92.05	68	2503258	32028	98.78	92.04	12.59	100.00
牡丹江市	38827	252.0	279.87	82	13027111	48201	100.00	65.97	11.63	100.00
黑河市	69345	159.0	167.39	20	5051299	31592	97.64	94.56	13.12	100.00
绥化市	34873	524.0	541.82	45	13595852	25841	96.11	95.06	8.47	100.00
江苏省										
南京市	6587	697.0	800.37	817	128204000	152886	100.00	96.50	15.47	100.00
无锡市	4627	497.0	637.44	343	114386200	174270	100.00	98.12	14.91	100.00
徐州市	11765	1045.0	857.72	271	67552300	76915	99.98	94.70	14.29	100.00
常州市	4372	382.0	459.24	268	70502700	149277	100.00	97.21	12.19	100.00
苏州市	8657	704.0	1045.99	476	185974700	173765	100.00	95.11	13.01	100.00
南通市	10549	763.0	728.36	233	84270000	115320	100.00	95.49	18.99	100.00
连云港市	7615	534.0	439.35	223	27717000	61332	100.00	91.02	14.36	100.00
淮安市	10030	561.0	480.17	190	36012500	73204	100.00	94.20	14.24	100.00
盐城市	16931	825.0	726.22	164	54870800	75987	100.00	92.86	14.15	100.00
扬州市	6591	459.0	446.01	172	54661700	120944	100.00	95.58	19.01	100.00
镇江市	3840	271.0	311.41	143	40500000	126906	100.00	95.95	19.13	100.00
泰州市	5787	503.0	461.89	129	51076300	109988	100.00	95.37	14.95	100.00
宿迁市	8524	591.0	471.92	94	27507200	55906	100.00	95.59	15.50	100.00
浙江省										
杭州市	16853	774.0	870.04	615	135091508	140180	100.00	95.87	13.80	100.00
宁波市	9816	603.0	760.57	344	107454632	132603	100.00	79.87	12.21	100.00
温州市	12110	829.0	912.21	261	60061616	65055	100.00	95.87	12.89	100.00
嘉兴市	4223	360.0	450.17	129	48719836	103858	100.00	95.02	16.06	100.00
湖州市	5820	267.0	289.35	124	21790675	90304	100.00	96.66	17.73	100.00
绍兴市	8279	447.0	491.22	233	54168952	107853	100.00	96.38	15.28	100.00
金华市	10942	489.0	536.16	106	41002319	73428	100.00	96.64	12.01	100.00
衢州市	8845	258.0	212.27	74	14705816	66936	100.00	96.19	15.21	100.00
舟山市	1459	97.0	112.13	65	13166986	112490	100.00	78.90	16.80	100.00

续表

城市名称	行政区域土地面积（平方千米）	年末户籍人口（万人）	六普常住人口（万人）	建成区面积（平方千米）	地区生产总值（万元）	人均地区生产总值（元）	供水普及率（%）	污水处理率（%）	人均公园绿地面积（平方米）	生活垃圾处理率（%）
台州市	10050	605.0	596.88	142	48746696	79541	100.00	96.97	14.89	100.00
丽水市	17275	270.0	211.70	39	13946650	63611	100.00	91.20	11.35	100.00
安徽省										
合肥市	11445	758.0	570.25	466	78229061	97470	99.90	94.49	13.34	100.00
芜湖市	6026	389.0	226.31	179	32785317	88085	100.00	93.35	12.92	100.00
蚌埠市	5951	384.0	316.45	149	17146560	50662	100.00	95.01	13.56	100.00
淮南市	5532	390.0	233.39	104	11333064	32487	99.91	94.55	13.14	100.00
马鞍山市	4049	229.0	136.63	100	19181000	82695	100.00	94.02	15.02	100.00
淮北市	2741	218.0	211.43	89	9851902	43962	99.21	94.55	17.43	100.00
铜陵市	2991	171.0	72.40	81	12223596	75524	100.00	94.32	17.78	100.00
安庆市	13538	528.0	531.14	102	19175850	41088	100.00	94.00	16.28	100.00
黄山市	9678	149.0	135.90	70	6779143	48579	99.90	96.59	15.22	100.00
滁州市	13516	454.0	393.79	90	18017496	43999	100.00	97.05	15.22	100.00
阜阳市	10118	1071.0	759.99	140	17595199	21589	99.91	98.67	19.70	100.00
宿州市	9939	657.0	535.29	87	16302217	28757	100.00	98.42	13.70	100.00
六安市	15451	589.0	561.17	79	12880538	26731	99.70	93.10	14.94	100.00
亳州市	8521	657.0	485.07	71	12771945	24547	100.00	97.27	15.84	100.00
池州市	8399	162.0	140.25	39	6849253	46865	99.61	95.24	17.57	100.00
宣城市	12313	279.0	253.29	61	13172047	50065	99.55	94.13	15.42	100.00
福建省										
福州市	12255	703.0	711.54	293	78568123	102037	99.90	92.70	15.14	100.00
厦门市	1701	243.0	353.13	389	47914131	118015	100.00	96.02	14.85	100.00
莆田市	4131	360.0	277.85	98	22424134	77325	99.87	94.07	15.02	99.99
三明市	22965	289.0	250.34	40	23537162	91406	100.00	90.11	14.80	100.00
泉州市	11015	755.0	812.85	244	84679768	97614	98.12	96.79	14.60	100.00
漳州市	12888	521.0	481.00	67	39476347	77102	100.00	92.10	15.83	100.00
南平市	26280	320.0	264.55	49	17925130	66760	99.86	89.10	14.49	98.27
龙岩市	19039	319.0	255.95	71	23932951	90655	99.98	93.31	14.70	100.00
宁德市	13433	354.0	282.20	39	19427951	66878	99.36	91.96	15.02	100.00
江西省										
南昌市	7402	532.0	504.26	339	52746716	95825	99.15	98.57	13.01	100.00
景德镇市	5262	170.0	158.75	61	8465982	50723	98.71	94.26	16.74	100.00
萍乡市	3831	200.0	185.45	51	10090505	52307	100.00	95.40	16.36	100.00

续表

城市名称	行政区域土地面积（平方千米）	年末户籍人口（万人）	六普常住人口（万人）	建成区面积（平方千米）	地区生产总值（万元）	人均地区生产总值（元）	供水普及率（%）	污水处理率（%）	人均公园绿地面积（平方米）	生活垃圾处理率（%）
九江市	19853	523.0	472.88	151	27001852	55274	98.93	91.25	14.58	100.00
新余市	3178	125.0	113.89	80	10273443	86789	100.00	97.49	19.28	100.00
鹰潭市	3560	129.0	112.52	39	8189787	69923	97.54	95.76	15.11	100.00
赣州市	39363	981.0	836.84	180	28072372	32429	99.41	93.29	13.05	100.00
吉安市	25372	539.0	481.03	59	17422292	35202	94.97	94.44	17.09	100.00
宜春市	18669	605.0	541.96	88	21808544	39199	98.54	96.54	15.34	100.00
抚州市	18799	432.0	391.23	97	13824038	34226	99.52	97.67	16.61	100.00
上饶市	22757	789.0	657.97	81	22174758	32555	99.79	92.39	15.72	100.00
山东省										
济南市	7998	656.0	681.40	524	78565600	106302	100.00	98.43	12.02	100.00
青岛市	11282	818.0	871.51	715	120015200	128459	100.00	97.26	16.75	100.00
淄博市	5965	434.0	453.06	284	50683500	107720	100.00	97.52	19.75	100.00
枣庄市	4564	423.0	372.91	155	24023800	61226	99.58	97.48	14.67	100.00
东营市	8243	197.0	203.53	153	41524700	191942	100.00	97.31	28.60	100.00
烟台市	13865	654.0	696.82	586	78325800	110231	95.73	97.50	15.92	100.00
潍坊市	16143	914.0	908.62	180	61567800	65721	100.00	97.49	18.43	100.00
济宁市	11187	891.0	808.19	240	49305800	58972	100.00	97.47	18.05	100.00
泰安市	7762	573.0	549.42	158	36515300	64714	93.81	97.01	23.14	100.00
威海市	5800	257.0	280.48	198	36414800	128774	100.00	97.24	26.23	100.00
日照市	5359	307.0	280.10	111	22021700	75329	100.00	97.06	19.44	100.00
莱芜市	2246	129.0	129.85	120	10056500	73005	100.00	97.53	20.14	100.00
临沂市	17191	1180.0	1003.94	227	47178000	44534	100.00	97.72	20.93	100.00
德州市	10358	598.0	556.82	160	33803000	58252	99.65	97.38	20.80	100.00
聊城市	8628	645.0	578.99	111	31521500	51935	100.00	97.00	13.45	100.00
滨州市	9660	397.0	374.85	142	26405200	67405	100.00	97.50	20.11	100.00
菏泽市	12155	1025.0	828.77	164	30787800	35184	99.17	97.26	12.88	100.00
河南省										
郑州市	7446	864.0	862.71	544	101433173	101349	100.00	98.05	14.26	100.00
开封市	6240	560.0	467.65	164	20022269	43936	97.07	95.71	11.01	100.00
洛阳市	15236	740.0	654.99	218	46407821	67707	99.37	99.31	10.85	100.00
平顶山市	7882	570.0	490.47	74	21352232	42587	97.98	99.20	11.77	100.00
安阳市	7385	627.0	517.32	87	23932238	46450	100.00	97.98	11.83	100.00
鹤壁市	2182	171.0	156.92	64	8619013	53063	97.10	95.51	14.20	100.00

续表

城市名称	行政区域土地面积（平方千米）	年末户籍人口（万人）	六普常住人口（万人）	建成区面积（平方千米）	地区生产总值（万元）	人均地区生产总值（元）	供水普及率（%）	污水处理率（%）	人均公园绿地面积（平方米）	生活垃圾处理率（%）
新乡市	8291	656.0	570.82	125	25265535	43700	99.39	93.10	11.70	100.00
焦作市	4071	373.0	354.01	116	23714983	66328	99.80	98.89	14.02	99.20
濮阳市	4188	435.0	359.87	63	16544700	45644	97.91	95.54	14.80	100.00
许昌市	4997	509.0	430.75	118	28306218	63996	98.46	98.03	14.75	100.00
漯河市	2692	267.0	254.43	70	12366633	46530	99.80	97.01	14.95	100.00
三门峡市	10496	227.0	223.40	61	4316182	64155	97.19	96.70	12.95	98.77
南阳市	26509	1238.0	1026.37	160	7557584	40189	88.16	99.85	10.61	96.61
商丘市	10704	999.0	736.30	137	4793000	26550	98.13	98.57	10.28	98.00
信阳市	18787	912.0	610.91	100	5867475	41472	98.05	95.99	14.14	100.00
周口市	11961	1259.0	895.38	75	2360046	33019	98.61	95.72	13.31	100.00
驻马店市	15065	964.0	723.12	90	3668609	37230	89.10	98.68	14.21	100.00
湖北省										
武汉市	8569	884.0	978.54	724	148472900	135136	100.00	95.98	9.65	100.00
黄石市	4583	273.0	242.93	82	15873300	64249	100.00	93.50	12.50	100.00
十堰市	23666	347.0	334.08	113	17478200	51226	99.95	98.82	14.96	100.00
宜昌市	21230	392.0	405.97	176	40641800	98269	100.00	96.30	14.98	100.00
襄阳市	19728	592.0	550.03	199	43097900	76125	100.00	94.01	14.35	100.00
鄂州市	1596	111.0	104.87	64	10053000	93317	93.32	93.22	15.27	100.00
荆门市	12404	293.0	287.37	64	18478900	63742	100.00	97.00	13.80	100.00
孝感市	8904	518.0	481.45	90	19129000	38900	98.59	96.03	9.31	100.00
荆州市	14242	641.0	569.17	89	20821800	37247	99.83	94.90	10.60	100.00
黄冈市	17457	741.0	616.21	55	20352000	32124	100.00	95.06	11.79	100.00
咸宁市	9752	305.0	246.26	73	13624200	53655	96.81	95.36	14.68	100.00
随州市	9636	251.0	216.22	77	10111900	45681	97.99	96.12	10.87	98.96
湖南省										
长沙市	11816	729.0	704.10	427	110034116	136920	100.00	98.33	11.38	100.00
株洲市	11248	403.0	385.71	146	26315423	65442	100.00	97.25	14.28	100.00
湘潭市	5006	289.0	275.22	80	21613580	75609	93.20	96.20	10.86	100.00
衡阳市	15299	801.0	714.83	137	30460279	42163	100.00	96.89	13.11	100.00
邵阳市	20830	828.0	707.17	78	17826481	24178	98.27	81.51	13.34	98.61
岳阳市	14858	569.0	547.61	110	34110068	59165	97.20	97.51	9.76	100.00
常德市	18177	605.0	571.46	105	33942030	58160	100.00	99.76	13.23	100.00
张家界市	9534	170.0	147.81	33	5789155	37719	98.73	96.19	9.64	100.00

城市名称	行政区域土地面积（平方千米）	年末户籍人口（万人）	六普常住人口（万人）	建成区面积（平方千米）	地区生产总值（万元）	人均地区生产总值（元）	供水普及率（%）	污水处理率（%）	人均公园绿地面积（平方米）	生活垃圾处理率（%）
益阳市	12320	478.0	430.79	82	17583780	39937	96.89	95.50	9.81	100.00
郴州市	19342	535.0	458.35	79	23918696	50482	91.45	88.81	9.90	100.00
永州市	22260	645.0	519.43	67	18056499	33035	98.99	95.21	11.52	100.00
怀化市	27572	524.0	474.17	64	15132689	30449	94.57	93.94	8.52	100.00
娄底市	8109	455.0	378.46	51	15404137	39249	98.10	97.70	9.62	100.00
广东省										
广州市	7434	928.0	1270.19	1300	228593471	155491	100.00	95.53	22.95	100.00
韶关市	18413	337.0	282.62	113	13439110	44971	99.15	86.67	13.87	100.00
深圳市	1997	455.0	1035.84	928	242219771	189568	100.00	97.16	15.35	100.00
珠海市	1736	127.0	156.25	141	29147350	159428	100.00	97.34	19.90	100.00
汕头市	2199	569.0	538.93	282	25120504	44672	90.58	96.44	15.16	98.00
佛山市	3798	437.0	719.74	161	99358845	127691	99.98	88.42	17.25	100.00
江门市	9507	399.0	445.07	158	29004073	63328	99.31	94.82	17.88	100.00
湛江市	13263	848.0	699.48	111	30083928	41107	100.00	90.83	16.97	100.00
茂名市	11427	811.0	581.75	119	30921768	49406	100.00	90.14	17.50	100.00
肇庆市	14900	450.0	391.65	124	22018012	53267	100.00	95.91	19.98	100.00
惠州市	11347	381.0	459.84	278	41030532	85418	98.64	97.46	16.78	100.00
梅州市	15865	548.0	423.85	64	11102133	25367	100.00	96.77	17.03	100.00
汕尾市	4865	356.0	293.55	33	9203183	30825	92.59	95.27	15.09	96.00
河源市	15654	373.0	295.02	40	10060027	32530	100.00	90.82	13.40	100.00
阳江市	7956	300.0	242.17	72	13503149	52969	100.00	96.70	16.17	100.00
清远市	19036	443.0	369.84	80	15651949	40476		96.21	14.13	100.00
东莞市	2460	232.0	822.02	1008	82785920	98939	100.00	95.13	24.06	100.00
中山市	1784	177.0	312.13	167	36327013	110585		100.00	5.50	
潮州市	3146	276.0	266.95	89	10672790	40219	67.34	85.68	12.74	100.00
揭阳市	5265	705.0	588.43	139	21524681	35358	91.02	85.54	12.60	99.46
云浮市	7787	301.0	236.72	30	8491284	33747	91.02	96.23	16.38	100.00
广西壮族自治区										
南宁市	22244	771.0	665.87	317	40269053	55901	96.59	93.74	11.63	100.00
柳州市	18597	390.0	375.87	232	30536457	75945	98.00	95.20	14.08	100.00
桂林市	27670	538.0	474.80	109	20036055	39507	99.37	99.30	13.18	100.00
梧州市	12571	352.0	288.22	61	10298470	33774	91.20	87.02	11.31	100.00
北海市	3989	178.0	153.93	82	12133010	72581	98.47	98.71	10.97	100.00

续表

城市名称	行政区域土地面积（平方千米）	年末户籍人口（万人）	六普常住人口（万人）	建成区面积（平方千米）	地区生产总值（万元）	人均地区生产总值（元）	供水普及率（%）	污水处理率（%）	人均公园绿地面积（平方米）	生活垃圾处理率（%）
防城港市	6238	99.0	86.69	49	6968185	73601	100.00	91.00	21.01	100.00
钦州市	12187	415.0	307.97	91	12919647	39243	96.00	96.50	12.56	100.00
贵港市	10602	561.0	411.88	83	11698754	26635	100.00	98.09	16.96	100.00
玉林市	12824	733.0	548.74	75	16154571	27708	100.00	99.15	14.08	100.00
百色市	36202	421.0	346.68	53	11767732	32170	100.00	91.16	12.85	100.00
贺州市	11753	246.0	195.41	47	6026288	29188	99.11	92.50	18.90	100.00
河池市	33476	433.0	336.93	43	7882999	22302	100.00	96.60	10.78	100.00
来宾市	13411	269.0	209.97	51	6924112	31102	99.91	95.12	9.64	100.00
崇左市	17332	252.0	199.43	35	10164916	48564	99.48	95.14	18.27	100.00
海南省										
海口市	2289	178.0	204.62	183	15105130	66042	97.01	95.20	9.13	100.00
三亚市	1922	61.0	68.54	52	5955057	77429	98.23	82.96	13.82	100.00
三沙市	16			3			100.00	100.00		100.00
儋州市	3400	97.0	93.24	36	3229693	35569	95.82	84.89	15.06	100.00
四川省										
成都市	14335	1476.0	1404.76	932	153427716	94782	98.94	94.14	13.33	100.00
自贡市	4381	323.0	267.89	124	14067131	48329	84.98	93.50	13.00	100.00
攀枝花市	7401	108.0	121.41	81	11735238	94941	99.98	95.13	13.16	100.00
泸州市	12232	510.0	421.84	169	16949712	39230	94.07	94.21	12.50	100.00
德阳市	5911	387.0	361.58	89	22138673	62569	97.40	92.97	12.83	100.00
绵阳市	20248	536.0	461.39	159	23038214	47538	99.95	96.12	11.98	100.00
广元市	16319	301.0	248.41	64	8018500	30105	92.00	98.79	12.77	100.00
遂宁市	5322	365.0	325.26	99	12213914	37493	99.67	93.48	15.61	100.00
内江市	5385	412.0	370.28	85	14117521	37885	98.12	90.14	11.68	100.00
乐山市	12723	351.0	323.58	77	16150949	49397	96.60	92.52	9.92	100.00
南充市	12477	728.0	627.86	145	20060333	31203	98.54	93.01	12.81	100.00
眉山市	7140	345.0	295.05	66	12560214	42155	97.83	91.09	12.83	100.00
宜宾市	13271	552.0	447.19	134	20263707	44604	86.80	95.81	12.32	100.00
广安市	6339	462.0	320.55	52	12502422	38520	99.14	99.97	23.86	100.00
达州市	16588	666.0	546.81	115	16901741	29627	86.78	88.49	10.66	100.00
雅安市	15046	153.0	150.73	38	6461049	41985	99.20	94.21	12.85	98.00
巴中市	12293	368.0	328.31	60	6458842	19458	84.50	88.91	12.01	98.00
资阳市	5748	346.0	366.51	50	10665332	42117	97.89	97.37	17.77	100.00

续表

城市名称	行政区域土地面积（平方千米）	年末户籍人口（万人）	六普常住人口（万人）	建成区面积（平方千米）	地区生产总值（万元）	人均地区生产总值（元）	供水普及率（%）	污水处理率（%）	人均公园绿地面积（平方米）	生活垃圾处理率（%）
贵州省										
贵阳市	8043	418.0	432.26	369	37984538	78449	98.91	98.12	17.54	97.80
六盘水市	9914	349.0	285.13	54	15256900	52059	90.60	96.08	12.09	96.65
遵义市	30762	812.7	612.71	150	30002300	47931	95.28	98.86	22.36	95.84
安顺市	9267	304.0	229.76	69	8494000	36164	98.95	93.00	22.03	95.64
毕节市	29849	930.0	653.75	47	19214253	28794	95.75	97.50	13.36	95.41
铜仁市	18014	444.0	309.32	52	10665200	33720	95.00	97.04	11.62	95.54
云南省										
昆明市	21013	572.0	643.22	441	52068979	76387	99.27	97.75	11.11	99.63
曲靖市	28935	664.0	585.51	103	20133556	32799	96.28	96.26	12.39	100.00
玉溪市	14942	220.0	230.35	38	14930383	62641	99.58	95.80	12.19	100.00
保山市	19637	264.0	250.65	37	7381448	28168	89.62	92.12	10.54	100.00
昭通市	22140	625.0	521.35	45	8895404	15987	100.00	91.19	12.76	46.58
丽江市	20554	123.0	124.48	24	3507628	27128	100.00	95.46	20.57	99.85
普洱市	44266	254.0	254.29	27	6624768	25170	92.54	93.11	12.02	99.00
临沧市	23620	241.0	242.95	23	6300199	24892	72.85	91.40	11.26	100.00
西藏自治区										
拉萨市	29654	55.0	55.94	76	5407800	77688	78.72	92.56	6.11	96.66
日喀则市	182000	80.0	70.33	31	2432049	28498	100.00	85.66	9.13	94.97
昌都市	109817	77.0	65.75	9	1914200	24122	91.74	67.15	7.24	95.00
林芝市	117175	20.0	19.51	13	1500100	65053	96.49	93.13	23.89	94.00
山南市	79699	36.0	32.90	26	1643200	44207	90.16	95.00	10.34	96.02
那曲市	352192	54.0	46.24	16	1356700	25708	81.78	85.27	12.45	93.59
陕西省										
西安市	10958	987.0	846.78	702	83498600	85114	97.93	94.02	9.98	99.80
铜川市	3882	80.0	83.44	49	3279550	40065	96.78	93.30	11.89	95.19
宝鸡市	18117	378.0	371.67	95	22651600	59988	98.88	93.60	12.37	99.90
咸阳市	9544	460.0	509.60	73	23764530	54368	95.03	93.00	15.46	94.53
渭南市	13134	546.0	528.61	78	17677130	33009	99.93	90.51	14.57	99.90
延安市	37037	234.0	218.70	41	15589120	68940	89.99	92.87	12.49	99.90
汉中市	27096	381.0	341.62	56	14718800	42754	82.12	93.07	13.03	98.03
榆林市	42921	384.0	335.14	69	38486190	112845	83.62	94.04	15.77	95.12
安康市	23536	304.0	262.99	45	11337700	42544	100.00	92.27	12.95	99.90

续表

城市名称	行政区域土地面积（平方千米）	年末户籍人口（万人）	六普常住人口（万人）	建成区面积（平方千米）	地区生产总值（万元）	人均地区生产总值（元）	供水普及率（%）	污水处理率（%）	人均公园绿地面积（平方米）	生活垃圾处理率（%）
商洛市	19292	251.0	234.17	26	8247670	34674	77.90	93.89	12.37	96.60
甘肃省										
兰州市	13192	328.0	361.62	253	27329373	73042	95.72	95.99	13.89	99.35
嘉峪关市	2935	21.0	23.19	70	2996200	119418	100.00	99.56	36.44	100.00
金昌市	8896	45.0	46.41	44	2642405	56353	100.00	96.52	27.71	100.00
白银市	20099	182.0	170.88	67	5115968	29542	100.00	94.58	9.49	100.00
天水市	14277	372.0	326.25	56	6520542	19479	98.94	99.97	9.95	100.00
武威市	32347	189.0	181.51	34	4692653	25691	99.97	99.90	8.46	100.00
张掖市	38592	131.0	119.95	45	4077067	33105	100.00	96.81	20.66	100.00
平凉市	11170	234.0	206.80	42	3951651	17225	100.00	96.00	12.89	100.00
酒泉市	168000	99.0	109.59	54	5968871	53043	100.00	98.97	11.75	100.00
庆阳市	27117	270.0	221.12	30	7081499	31312	100.00	98.80	11.80	100.00
定西市	19609	304.0	269.86	25	3562609	12656	98.42	94.16	16.85	100.00
陇南市	27839	288.0	256.77	14	3792273	14426	97.03	71.76	6.15	100.00
青海省										
西宁市	7607	207.0	220.87	95	12864137	54439	100.00	85.98	12.22	96.00
海东市	10340	173.0	139.68	28	4514606	30597	98.98	90.41	8.03	95.95
宁夏回族自治区										
银川市	9025	193.0	199.31	203	19014824	84964	100.00	95.50	16.62	100.00
石嘴山市	5310	74.0	72.55	103	6059184	75391	98.93	97.05	27.52	99.09
吴忠市	16758	144.0	127.38	55	5345336	37922	97.13	95.29	23.96	100.00
固原市	13047	151.0	122.82	44	3031944	24544	96.50	92.09	25.55	98.12
中卫市	17448	122.0	108.08	32	4029947	34653	96.81	98.77	24.14	98.00
新疆维吾尔自治区										
乌鲁木齐市	13788	222.0	311.26	458	30997659	87196	100.00	98.73	12.70	99.97
克拉玛依市	7735	31.0	39.10	76	8981420	153647	100.00	95.11	11.07	100.00
吐鲁番市	69759	63.0	62.29	22	3105938	49279	100.00	95.20	19.68	100.00
哈密市	137222	56.0	57.24	52	5366085	86805	99.96	88.68	13.51	100.00

注：本表数据统计不包括我国香港、澳门、台湾地区。

关于中国 298 个地级及以上城市基本数据（2018 年）的说明

一、数据来源（Data Resources）

1. 行政级别（Administrative level）

2. 行政区域土地面积（Total land area of city's administrative region）

3. 年末户籍人口（Household registered population at year-end）

4. 建成区面积（Area of built-up district）

5. 地区生产总值（Gross regional product）

6. 人均地区生产总值（Per capita gross regional product）

以上数据来源：国家统计局城市社会经济调查司 . 中国城市统计年鉴—2019[M]. 北京：中国统计出版社，2020.

7. 污水处理率（Wastewater treatment rate）

8. 生活垃圾处理率（Domestic garbage treatment rate）

9. 供水普及率（Water coverage rate）

10. 人均公园绿地面积（Per capita public recreational green space）

以上数据来源：中华人民共和国住房和城乡建设部网站 . 2018 年城市建设统计年鉴 [EB/OL].（2020-03-27）. http：//www.mohurd.gov.cn/xytj/tjzljsxytjgb/jstjnj/w020200327222442243052500000.xls.

二、指标解释（Data Illumination）

1. 截至 2018 年末，全国 672 个城市分为：4 个直辖市，15 个副省级城市，278 个地级市，375 个县级市。

——《中国城市统计年鉴—2019》第 3 页

其中，2018 年山东省莱芜市撤销，其所辖区域划归济南市管辖，但《中国城市统计年鉴—2019》仍将济南市和莱芜市作为两个城市分别进行统计。

——《中国城市统计年鉴—2019》，北京：中国统计出版社，2020 年 1 月

2. 行政区域土地面积：指辖区内的全部陆地面积和水域面积。

——《中国城市统计年鉴—2019》第 383 页

3. 年末户籍人口：指本市每年 12 月 31 日 24 时按户籍登记情况统计的人口数。

——《中国城市统计年鉴—2019》第 383 页

4. 六普常住人口：以 2010 年 11 月 1 日零时为标准时点进行的第六次全国人口普查中的常住人口，包括居住

在本乡镇街道、户口在本乡镇街道或户口待定的人；居住在本乡镇街道、离开户口登记地所在的乡镇街道半年以上的人；户口在本乡镇街道、外出不满半年或在境外工作学习的人。不包括常住在省内的境外人员。

——《2010 年第六次全国人口普查主要数据公报》，国家统计局，2011 年 4 月

5. 建成区面积：指城市行政区内实际已成片开发建设、市政公用设施和公共设施基本具备的区域。

——《中国城市统计年鉴—2019》第 383 页

6. 地区生产总值：指按市场价格计算的一个地区所有常住单位在一定时期内生产活动的最终成果。

——《中国城市统计年鉴—2019》第 384 页

7. 供水普及率：指报告期末城区内用水人口与总人口的比率。计算公式：

供水普及率 = 城区用水人口（含暂住人口）/（城区人口 + 城区暂住人口）× 100%

——《城市（县城）和村镇建设统计调查制度》（国统制〔2018〕19 号）

8. 污水处理率：指报告期内污水处理总量与污水排放总量的比率。计算公式：

污水处理率 = 污水处理总量 / 污水排放总量 × 100%

——《城市（县城）和村镇建设统计调查制度》（国统制〔2018〕19 号）

9. 人均公园绿地面积：指报告期末城区内平均每人拥有的公园绿地面积。计算公式：

人均公园绿地面积 = 城区公园绿地面积 /（城区人口 + 城区暂住人口）

——《城市（县城）和村镇建设统计调查制度》（国统制〔2018〕19 号）

10. 生活垃圾处理率：指报告期内生活垃圾处理量与生活垃圾产生量的比率。计算公式：

生活垃圾处理率 = 生活垃圾处理量 / 生活垃圾产生量 × 100%

——《城市（县城）和村镇建设统计报表制度》（国统制〔2015〕113 号）

注：

1.《中国城市统计年鉴—2019》未统计以下城市的建成区面积：黑龙江省鸡西市，广东省东莞市、中山市、潮州市，海南省三沙市、儋州市，贵州省遵义市、毕节市，西藏自治区林芝市，陕西省铜川市，甘肃省嘉峪关市。在本次"2018 年中国城市基本数据"的统计工作中，上述数据取自《2018 年城市建设统计年鉴》。

2.《中国城市统计年鉴—2019》未统计海南省三沙市的相关城市数据。在本次"2018 年中国城市基本数据"的统计工作中，相关数据取自《2018 年城市建设统计年鉴》。

3.《中国城市统计年鉴—2019》未统计贵州省遵义市的相关城市数据。在本次"2018 年中国城市基本数据"的统计工作中，遵义市行政区域土地面积、年末总人口、地区生产总值和人均地区生产总值取自《遵义统计年鉴—2019》。

4.《中国城市统计年鉴—2019》未统计辽宁省鞍山市的人均地区生产总值。在本次"2018 年中国城市基本数据"的统计工作中，鞍山市人均地区生产总值取自《辽宁统计年鉴—2019》。

5.《城市（县城）和村镇建设统计调查制度》（国统制〔2018〕19 号）未列出城市（县城）生活垃圾处理率指标解释，故生活垃圾处理率仍沿用《城市（县城）和村镇建设统计报表制度》（国统制〔2015〕113 号）的指标解释。

（数据收集整理：毛其智，清华大学教授）

执笔人

第一章

尹　稚　　中国城市规划学会副理事长，清华大学中国新型城镇化研究院执行副院长、教授

卢庆强　　清华大学中国新型城镇化研究院院长助理，清华同衡规划设计研究院副总规划师、总体研究中心主任

闫　博　　清华大学中国新型城镇化研究院助理研究专员

第二章

施卫良　　中国城市规划学会副理事长，北京市规划和自然资源委员会副主任、教授级高工

游　鸿　　北京市城市规划设计研究院高级工程师

刘　欣　　北京市城市规划设计研究院教授级高工

徐碧颖　　北京市城市规划设计研究院高级工程师

陈思伽　　北京市城市规划设计研究院工程师

赵天舒　　北京市城市规划设计研究院工程师

第三章

张尚武　　中国城市规划学会理事、乡村规划与建设学术委员会主任委员，同济大学建筑与城市规划学院副院长、教授，上海同济城市规划设计研究院有限公司副院长

奚　慧　　上海同济城市规划设计研究院有限公司城市设计研究院副总工兼总工办主任、高工

李凌月　　同济大学建筑与城市规划学院助理教授

陈　烨　　同济大学超大城市精细治理研究院副主任研究员

第四章

邵益生　　国际欧亚科学院院士，中国城市规划设计研究院研究员

张志果　　中国城市规划设计研究院水务院副院长、副研究员

马　林　　中国城市规划设计研究院副主任、教授级高工

李　婧　　中国城市规划设计研究院高级工程师

安玉敏　　中国城市规划设计研究院工程师

雷木穗子　中国城市规划设计研究院助理工程师

第五章

张　泉　　中国城市规划学会副理事长、研究员级高工

叶兴平　　江苏省城镇化和城乡规划研究中心副主任、研究员级高工

陈国伟　　江苏省城镇化和城乡规划研究中心主任工程师、高工

许　彬　　江苏省城镇化和城乡规划研究中心工程师

谢孟星　　江苏省城镇化和城乡规划研究中心助理工程师

第六章

吕　斌　　中国城市规划学会副理事长，北京大学教授

王　宇　　中规院（北京）规划设计有限公司城市规划师